# 尼安德特人的
## 语言能力探究

An Exploration of
Neanderthal Language Capacities

姚 岚 吴宏宽 著

U0396601

浙江工商大学出版社
ZHEJIANG GONGSHANG UNIVERSITY PRESS

**图书在版编目(CIP)数据**

尼安德特人的语言能力探究 / 姚岚，吴宏宽著. —
杭州 : 浙江工商大学出版社，2018.10

ISBN 978-7-5178-2961-4

Ⅰ. ①尼… Ⅱ. ①姚… ②吴… Ⅲ. ①尼安德特人—
语言能力—研究 Ⅳ. ①Q981.5

中国版本图书馆 CIP 数据核字(2018)第 206974 号

## 尼安德特人的语言能力探究

姚　岚　吴宏宽 著

| | |
|---|---|
| 责任编辑 | 王　英 |
| 封面设计 | 林朦朦 |
| 责任印制 | 包建辉 |
| 出版发行 | 浙江工商大学出版社 |
| | (杭州市教工路 198 号　邮政编码 310012) |
| | (E-mail:zjgsupress@163.com) |
| | (网址:http://www.zjgsupress.com) |
| | 电话:0571-88904980,88831806(传真) |
| 排　　版 | 杭州朝曦图文设计有限公司 |
| 印　　刷 | 虎彩印艺股份有限公司 |
| 开　　本 | 880mm×1230mm　1/32 |
| 印　　张 | 6.75 |
| 字　　数 | 134 千 |
| 版 印 次 | 2018 年 10 月第 1 版　2018 年 10 月第 1 次印刷 |
| 书　　号 | ISBN 978-7-5178-2961-4 |
| 定　　价 | 38.00 元 |

# 目　　录

# 第一章　引　言

　　纵观地球上的所有物种，拥有语言的只有人类。对于人类而言，语言的重要性毋庸置疑。语言是人类日常生活中必不可少的交际工具，人类使用语言交流思想，表达情感。语言是儿童个体语言发展的重要催化剂，幼儿即使具有语言学习能力，若没有语言环境，他们也难以获得语言能力。事实上，幼儿在出生之前就已经深受语言环境的影响，为语言学习奠定了基础（Gervain et al.，2008；Kisilevsky et al.，2009），而且，父母及其他照料人使用的儿向语言（motherese）对儿童语言发展也至关重要（Werker et al.，2007）。语言是人类文化传承的重要载体，我们通过语言不仅了解了人类过去的历史，而且可以将文化代代相传。语言是人类技术发展的必要基础，通过语言学习前人技术，并在此基础上进行技术革新，推动人类技术不断前进。

　　既然语言如此重要，那么，语言从何而来自然成为人类自古以来一直探索的问题。虽然地球上现有的物种之中，只有人类拥有语言，但是，自七八百万年前人类祖先与黑猩猩分道扬镳之后（Langergraber et al.，2012）至 20 万年前左右现代人类

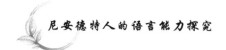

产生(Tattersall，2017)，曾经出现过多种人属物种（Homo），包括尼安德特人（Neanderthals），而这些人属物种已经灭绝，那么，这些人属物种有无语言能力就成为悬而未决的问题。由于尼安德特人与现代人类拥有最近的共同祖先，因此，尼安德特人是否拥有语言能力尤其成为值得探索的问题。

关于尼安德特人，国外的研究十分普遍，主要包括以下几个存在争议的领域：第一，从解剖学角度分析尼安德特人的解剖特征，包括与言语表达和感知能力相关的解剖特征（如 Lieberman et al.，1971；May，1975；Arensburg et al.，1990；Boë et al.，2002；Martínez et al.，2004；Quam et al.，2008）和大脑解剖特征（Reyes & Sherwood，2015；Boeckx，2017；Gabi et al.，2016）。我们将对已有研究进行批评性梳理，从解剖特征的角度对尼安德特人具有语言能力这一观点进行论证。第二，从遗传学角度运用基因组测序技术考察尼安德特人的基因（如 Krause et al.，2007；Coop et al.，2008；Enard，2011；Green et al.，2010；Priddle et al.，2013a，2013b；Somel et al.，2013；Maricic et al.，2013），考察包括尼安德特人在内的物种分离史（如 Green et al.，2010；Langergraber et al.，2012；Prüfer et al.，2014；Rogers et al.，2017），以及尼安德特人与现代人类之间是否存在基因交流。由于基因交流涉及我们为尼安德特人的语言能力提供证据，而关于这一问题存在截然不同的观点，包括否定证据（如 Nordborg，1998；Serre et al.，2004；Currat et al.，2004；Weaver et al.，2005；Hodgson et al.，2008）和肯定证据（如 Green et al.，2006；

Wall et al.，2013；Vernot et al.，2015；Kim et al.，2015；
Sankararaman et al.，2012；Prüfer et al.，2014；Kuhlwilm et
al.，2016)，因此，我们也将对相关数据进行批评性考察，为基
因交流提供有力的证据，继而为尼安德特人语言能力增添证
据。第三，从考古学角度考察尼安德特人的遗留物品是否体现
现代人类的行为特征(如 Langley et al.，2008；Zilhão，2007，
2012；Pike et al.，2012；Rodríguez-Vidal et al.，2014)。抽象
符号性的思维能力被认为是现代人类的行为特征之一，是语言
的本质特征(Tattersall，2014)。我们将基于已有的考古发现
为尼安德特人语言能力提供证据。第四，对尼安德特人灭绝的
原因提出不同的假设(如 Klein，2008；Mellars，2006；
Hublin，2012；Müller et al.，2011；Houldcroft et al.，2016)。
但是，系统性聚焦尼安德特人的语言能力的研究相对较少，主
要是限于综述(如 Dediu et al.，2013；Johansson，2013)和辩
论(如 Berwick et al.，2013)。

　　国内学者对尼安德特人的研究主要包括尼安德特人基因
以及与现代人类基因交流，如刘希玲等(2012)、付巧妹等
(2014，2015)、李占扬等(2017)、秘彩莉等(2012)、吴新智和崔
娅铭(2016)，还有从考古学角度考察尼安德特人的工具制造能
力，如蓝琪(2007)。真正关注尼安德特人语言能力的研究几乎
没有。大量的研究或与现代人类起源相关(高星 等，2017)，或
与中国境内的古人类研究相关(吴新智 等，2016；刘武 等，
2016；贺乐天 等，2017；Li et al.，2017)。而与语言能力相关
的研究并没有与尼安德特人联系起来，而只是涉及了与语言相

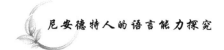

关的一些基因(包括 *FOXP2*)(董粤章 等,2009;吕利霞 等,2009;俞建梁,2011,2013;李冬梅,2014)。因此,全面系统地考察尼安德特人的语言能力,无论是从国内而言,还是从国外而言,都具有前沿性。

本书共分为八章。第二章是对尼安德特人的总体概述,包括尼安德特人的化石是如何首次被发现的,揭示自人猿分离之后直至现代人类产生的漫长进化过程中各种人科物种(hominins)和人属物种(包括尼安德特人)形成的时间、"走出非洲"涉及的复杂模式和尼安德特人灭绝原因的主要假设。鉴于针对尼安德特人是否具备言语和语言所要求的解剖结构存在争议,第三章联系语言能力考察尼安德特人的解剖特征,包括语言表达和感知的解剖特征和大脑解剖特征,基于已有矛盾性数据的批评分析,为尼安德特人的语言能力提供证据。第四章考察尼安德特人的抽象符号思维能力,因为语言的本质被认为是抽象符号思维能力(Tattersall,2014)。第四章基于已有的考古学研究成果,从壁画和雕刻、装饰品的使用、火的使用、颜料的使用和丧葬仪式等方面为尼安德特人的抽象符号思维提供证据。第五章从基因角度探索尼安德特人的与语言相关的基因变化,并基于尼安德特人和现代人类之间存在基因交流的事实,为尼安德特人的语言能力提供证据。第六章关注的焦点是语言的最基本特征,否定递归(或合并)运算系统是语言的本质特征,继而批评各种形式的语言普遍特征论,提出并论证线性序列结构(linear sequential structure)是语言基本特征的观点,为尼安德特人的语言能力增添证据。第七章讨论语言如何进化。首先,针对一些对立的观点——语言的产生是自然选择还是基因突变的结果,语言进化是不是交际适应,语言进化过程中基因和文化的作用——进行批评分析,得出更加合理的观点,那就是语言既不是自然选择积累细微变化而渐进产生的,也不是一次基因突变导致巨大飞跃的产物,语言进化是多次基因突变和自然选择相互作用的结果,是渐进过程和小步跳跃兼而有之;语言进化是不是交际适应的问题过于笼统而不科学,要回答这个问题必须联系进化的具体阶段,可以说,从直立人时期开始语言进化已经体现交际适应;语言进化过程是基因和文化协同进化的过程,基因和文化的相互作用模式十分复杂,但是,在基因奠定生物基础的前提下,文化可能对语言进化发挥更加重要的作用。在澄清上述争议之后,第七章基于皮尔斯的符号三分法提出并论证语言进化的轨迹,即从指示性符号(indexes)到像似性符号(icons),最终达到抽象符号(symbols),并以发声系统的进化证据论证尼安德特人不仅拥有抽象符号,而且拥有发声模态的抽象符号(即言语)。第八章进行总结。如果说任何单一的证据难以充分证明尼安德特人拥有语言能力,那么,大量的证据累积在一起(包括言语表达和感知解剖结构、大脑解剖特征、抽象思维、语言相关基因和基因交流、作为语言基本特征的线性序列结构、发声系统的进化等等)无疑为尼安德特人具有语言能力这一观点提供了可靠的证据。

# 第二章　尼安德特人的概述

## 第一节　尼安德特人的首次发现与争议

　　"尼安德特人"这个名称,是根据首次发现该人属物种的地点命名的。1856 年 8 月,在德国尼安德峡谷(Neander Valley)的一个石灰石采石场中,采石工人在一个洞穴中发现了一些骨骼化石(Schmitz et al.,2002),这些化石包括一块颅骨、一些肢骨和肋骨(Madison,2016)。最初,这些化石被认为是熊的骨骼化石,因为在当地其他的洞穴中已经发现过熊的骨骼(Schmitz et al.,2002)。由于采石场场主 Friedrich Wilhelm Pieper 与当地一位名叫 Johann Karl Fuhlrott 的教师关系良好,而且,Fuhlrott 是自然历史学者,因此,Pieper 将化石带给 Fuhlrott 检验(Schmitz et al.,2002;Madison,2016)。根据 Madison(2016)的描述,当 Fuhlrott 打开装有化石的木盒时,他的第一感觉是这"无疑是人类"。虽然 Fuhlrott 不是专业解剖学家,但是,他被颅骨化石的形状吸引住了——颅骨的前额低而扁平,与现代人类颅骨的形状不同。当地媒体对化石的报道引起了波恩大学解剖学家们的兴趣，于是，Fuhlrott 将化石带给了解剖学家 Hermann Schaaffhausen 以便进行细致的解剖学分析。Schaaffhausen 利用颅骨量化测量法，验证了 Fuhlrott 的观察，即该颅骨与现代人类的颅骨形状不同，而且，颅骨超厚，眉骨超大。他认为超大的眉骨是额窦（frontal sinus）扩展的结果，以满足超强体力对更多氧气的需求。更为重要的是，Schaaffhausen 通过测算确定该颅骨的脑容量为 1033.24 $cm^3$，处于现代人类脑容量差异的范围之内。虽然 Schaaffhausen 赋予该化石所属物种以人类的地位，并认为该物种十分古老，但是，由于缺乏验证其年龄的可靠方法，他们希望英国的地质学家 Charles Lyell 能够提供帮助。1860 年，Lyell 亲自造访尼安德峡谷，并对化石进行仔细观察和"舌头测试"（tongue test）。虽然他也认为这些骨头可能相当古老，但不能十分确定。随后，他将颅骨化石的石膏模型带回英国，并邀请两位解剖学家——George Busk 和 Thomas Henry Huxley——进行研究。这两位解剖学家不仅将颅骨模型与现代人类不同群体的颅骨进行了比较，还与其他灵长目动物的颅骨进行了比较。为了获得更详细的信息，他们还请求 Fuhlrott 寄来了从不同角度拍摄的颅骨照片。虽然他们认同 Schaaffhausen 的观点，即该物种是古老的人类，而且眉骨巨大，但是他们更加强调该物种的颅骨与大猩猩、黑猩猩等猿类颅骨的相似性，否定巨大眉骨与支持强健身体所需氧气之间的关联。尽管该物种颅骨与猿类颅骨很相似，该物种的脑容量还是让 Huxley（1863：181）赋予该物种人类的身份。然而，英国的动物学家 Charles Carter Blake

则提出了不同的观点：一方面，他认为，尼安德峡谷发现的化石的颅脑容量很大，所以可能并非如想象的那么古老，而是属于某个畸形的傻子或隐士，"舌头测试"不是做出可靠判断的方法（Blake，1862：206-207）；另一方面，他否定该物种颅骨与猿类颅骨存在很多相似性，相反，他认为只有巨大眉骨这一个特征与猿类眉骨相似，除此以外，其颅骨特征都与人类颅骨十分相似（Blake，1861：398）。不过，对于所谓的"畸形假设"，Huxley（1864）予以否定，因为没有证据显示该物种所谓畸形与任何已知的综合征相匹配。真正将尼安德峡谷发现的化石纳入独立物种的是英国的地质学家 William King。他一直致力于二叠纪化石研究，有着深厚的古生物学研究背景。他认为脑容量不是判断一个物种是否为人类的唯一标准，大脑的形状同样重要。他把尼安德峡谷发现的物种体现的低而扁平的大脑形状视为与现代人类的重要区别特征之一，该物种没有现代人类的"弧形颅骨"，这"对于人类而言是不正常，而对于猿类而言则是正常的"（King，1864a：81），这可能意味着该物种缺乏现代人类的最重要特征，即语言能力（King，1863：393）。尽管 King 认为该物种的颅骨形态更近似猿类而不是人类，但是，他还是将其纳入人属物种的范畴，并将之作为独立物种命名为尼安德特人（Homo neanderthalensis）（King，1864b）。自尼安德特人被首次发现至今，不仅尼安德峡谷得到了进一步的发掘，发现更多尼安德特人的骨质化石（Schmitz et al.，2002），而且，在世界其他许多地方也陆续发现了大量尼安德特人的化石。

# 第二节　尼安德特人在进化史中的位置

回顾现代人类的进化史，一个基本事实是，现代人类不是由某种动物线性进化而来的。人类进化史处于一个十分庞杂的进化系统中，这个进化系统犹如一棵大树，枝杈交错。与人类进化相关的一个重要节点就是人类祖先与黑猩猩的分离。依据基因信息的推算和比较，分离的时间至少在七八百万年前（Langergraber et al. , 2012）。化石证据显示，在人类祖先与黑猩猩分离之后，人科物种的进化大致可以归纳为四个主要阶段（Maslin et al. , 2015）：第一阶段指的是 400 万—700 万年前的乍得沙赫人、图根原人和地猿；第二阶段指的是 400 万年前左右的南猿和 270 万年前左右的粗壮傍人；第三阶段指 180 万—250 万年前在上新世和更新世交替时期出现的人属物种，包括能人（Homo habilis）、匠人（Homo ergaster）和直立人（Homo erectus）等；第四阶段从 80 万年前的海得堡人（Homo heidelbergenis）至 20 万年前出现的解剖意义上的现代人类。根据 Tattersall（2018）对人类进化图谱的描述，现代人类不是从能人或直立人进化而来，而是从与这些物种共存的匠人进化而来的。匠人首先进化出毛里坦人（Homo mauritanicus）和先驱人（Homo antecessor），继而进化出海得堡人。但是，也有不同的观点，认为直立人通过进化分裂成尼安德特人和智人（Homo sapiens，即现代人类前身）（Everett，2017：24）。不管

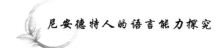

怎样,直立人和匠人属于同时期的人属物种,因此,可能具有许多共同的特征,而海德堡人更接近于现代人类,被认为是现代人类和尼安德特人的共同祖先(Dedui et al.,2013)。关于现代人类与尼安德特人发生分离的时间,迄今,基因组测序研究得出的数据不尽相同:有的数据显示为约 37 万年前(Noonan et al.,2006),有的数据显示在 40 万—80 万年前(Langergraber et al.,2012),也有数据显示在 27 万—44 万年前(Green et al.,2010),还有数据根据不同计算方法将时间定在55.3 万—58.9 万年前或 55 万—76.5 万年前(Prüfer et al.,2014)。在尼安德特人进化过程中,也出现了一个分支,被称为丹尼索瓦人(Danisovans)。丹尼索瓦人的发现源于 2008 年阿尔泰山脉的丹尼索瓦洞穴中发掘的一截手指的指骨化石,基因测序表明,它来源于一种与尼安德特人相关的古人类,距今 5万年前左右,而且,通过基因测序推算丹尼索瓦人与尼安德特人的分离时间在 38.1 万年以前(Prüfer et al.,2014)。最近的一项研究(Rogers,et al.,2017)对 Prüfer 等人(2014)的推算结果提出质疑,认为他们运用的顺序配对马可夫溯祖分析(pairwise sequentially Markovian coalescent,PSMC)可能对尼安德特人与丹尼索瓦人分离时间的推算产生了偏差,并基于DNA 测序数据的统计分析,将两者的分离时间推算至距今74.4 万年前。Rogers 等人(2017)的研究结果对于尼安德特人与现代人类的分离时间有着重要启示,因为根据他们的分析结果,尼安德特人与丹尼索瓦人的分离是在与现代人类分离后不久发生的,这说明尼安德特人/丹尼索瓦人的祖先与现代人类

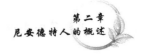

分离的时间应该更接近 Prüfer 等人（2014）和 Langergraber 等人（2012）推算的上限，即分别为 76.5 万年前和 80 万年前。

## 第三节 "走出非洲"假说

人类起源于非洲，这是学术界达成的基本共识。但是，现代人类是否起源于非洲，一直以来是个有争议的话题。一直占主导地位的是单一起源说，它认为现代人类也是起源于非洲，也就是说，在尼安德特人和现代人分离之后，与我们具有相同解剖结构的这一分支——智人——在其晚期 5 万—10 万年前走出非洲，迁移至世界各地，而后，取代了其他人属物种（Berwick & Chomsky，2016）。例如，根据 Shreeve（2006）在《国家地理》杂志上的描述，5 万—7 万年前，一群现代人类走出非洲，到达西亚，然后分向而行，一部分向欧亚大陆西部迁移，进入欧洲，另一部分则沿着阿拉伯半岛海岸向印度以及更遥远的东方迁移，大约在 4 万年前到达中亚和东亚，而后，进入东南亚、中国、日本和西伯利亚，其中有的群体经由东南亚，最终于 4.5 万年前到达澳大利亚，另有群体经由西伯利亚，通过阿拉斯加（因为当时海平面较低，西伯利亚和阿拉斯加有陆地相连），沿着西海岸，于 2 万—1 万年前进入北美洲和南美洲。

然而，现代人类的单一起源于非洲的假设已经受到了越来越多的质疑。例如，李占扬等人（2017）最近在《科学》杂志发表论文称，在中国河南省许昌市灵井遗址发掘的"许昌人"生活在

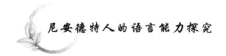

8万—10万年前,更为重要的是,这一发现找回了中国古人类连续进化说中缺失的链条。此前,在中国境内已经发现了巫山人(200万年前)、蓝田人(70万—115万年前)、北京人(20万—70万年前)、辽宁金牛人(10万—20万年前)和北京山顶洞人(1万—4万年前)。因此,中国境内古人类连续进化说获得了更加充分的证据。而且,"许昌人"的头骨体现了中国境内古老人类、欧洲尼安德特人和早期现代人三位一体的混合特征,存在与尼安德特人基因交流的可能。这至少暗示,中国境内的现代人类可能不是智人晚期"走出非洲"的结果,而是现代人类在非洲产生之前的人属物种在更早时期走出非洲后进化而来的。这符合古人类多次走出非洲和现代人类多地起源的假设。美国华盛顿大学的生物遗传学家 Templeton(2002)曾在《自然》杂志上刊文《一次又一次走出非洲》,根据遗传特征划分区域的人的普通染色体、性染色体和线粒体 DNA 的分析,非洲古人类曾三次走出非洲:最早的一次在190万年前,而后在42万—84万年前,之后又于8万—15万年前再次大规模走出非洲。事实上,古人类多次走出非洲的观点也获得越来越多的证据。例如,在现代人类产生之前,尼安德特人的祖先就已经走出了非洲(Shreeve,2006)。在欧洲发现了被认为是尼安德特人和现代人类共同祖先的海得堡人的化石,因此,很可能在海得堡人时期就有一部分古人类走出了非洲,可能属于上述第二次走出非洲的情况。一队印尼和澳大利亚的研究人员自2003年9月至2004年6月,在印尼的弗洛勒斯岛(Flores)上的梁布亚洞穴(Liang Bua)中发现和发掘的弗洛勒斯人(Homo

floresiensis)（包括一个成年女性和 6 个其他个体的遗骨）
（Morwood et al.，2005），因为他们的前额、眉弓和下巴与直立
人非常相似，被认为是由直立人进化而来。由于这些弗洛勒斯
人生存年代早至 9.5 万年前，晚至 1.3 万年前，而此地在 1.1
万年前并没有现代人涉足的证据，因此，这说明在所谓现代人
类于 5 万—10 万年前走出非洲之前，直立人就已经走出了非
洲。基因研究也为多次走出非洲提供了证据。Kuhlwilm 等人
（2016）通过对来自亚洲阿尔泰山脉的一个尼安德特人基因组
和来自西班牙与克罗地亚的两个尼安德特人的基因组进行比
较分析，发现来自阿尔泰的尼安德特人基因中有现代人类基因
的渗入，时间在 10 万年以前，但在两个欧洲尼安德特人的基因
组中则没有渗入现象，这表明在 10 万年前就有现代人类群体
进入阿尔泰地区，并与当地的尼安德特人接触和杂交。换言
之，即便是现代人类走出非洲也未必是一次性的。

## 第四节　尼安德特人的灭绝

　　在尼安德特人的鼎盛时期，其疆域不仅限于欧洲——南沿
地中海直至希腊和伊拉克，北及俄罗斯，西至英国，东至蒙古。
由于严寒气候的影响，大约 4 万年前，他们向南迁移，进入伊比
利亚半岛、中欧和地中海沿岸（Hall，2008）。尼安德特人在欧
洲和西亚地区生活了至少 10 万年（Lindahl，1997），并在晚期
与现代人类共存约 2 万年（Finlayson et al.，2006），然而，在大

约 3 万年前,尼安德特人彻底消失了(Lindahl,1997;Hall,2008;Green et al.,2010)。至于尼安德特人消失的原因,迄今没有一致的结论,相反,存在多种假设。一种观点认为,尼安德特人被现代人取代,是因为两者固有的生物和行为差异(Klein,2008;Mellars,2006;Hublin,2012),这导致尼安德特人与现代人在认知能力上存在差异,因而,在与现代人类的竞争中处于劣势而被取代。例如,Wynn 和 Coolidge(2004)认为尼安德特人的工作记忆能力与现代人类无法相比;Tattersall(2018)认为现代人类的大脑在 20 万年前左右发生了神经重组,使得现代人具有了潜在的抽象符号思维(symbolic thinking),并在 10 万年前左右在文化的驱动下激发了潜在的抽象符号思维能力,而尼安德特人则没有这种能力。第二种观点认为,尼安德特人的灭绝是气候变化所致,是一次极其严寒的气候事件导致的(Müller et al.,2011;Zilhāo,2006),或者是尼安德特人因为多次严寒事件人口衰减,并最终在一次极寒气候下灭绝(Tzedakis et al.,2007)。第三种观点从人口数量的角度出发,认为现代人类的绝对数量优势是尼安德特人在与现代人类竞争中最终被取代的最根本原因(Mellars et al.,2011)。第四种观点从基因渗入角度加以解释。早在更新世,解剖意义上的现代人与尼安德特人之间发生相互基因渗入(genetic introgression)。含有尼安德特人 DNA 的现代人类基因组的区域与病毒感染和免疫相关。其中,尼安德特人的有些 DNA 因为产生有害的表现型而受到净化选择(purifying selection)的清除,而另外一些 DNA 则由于为智人带来更强的

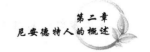

免疫力而获得选择。相反,对于尼安德特人而言,走出非洲的现代人所携带的病原体渗入至尼安德特人的基因则很可能是灾难性的,可能是导致尼安德特人灭绝的关键因素(Houldcroft et al.,2016)。

众所周知,现代人类是地球上唯一能够使用语言的物种,"语言无疑是将人类与其他动物区别开来的最重要因素"(Lieberman et al.,1971:203)。由于在进化史上尼安德特人是现代人类最近的"亲属"(Noonan et al.,2006),因此,尼安德特人是否拥有语言能力成为一个有趣而难解的课题。从下一章起,我们将从解剖特征、抽象符号思维、基因交流等方面为尼安德特人的语言能力提供证据,随后对语言的本质和语言进化的基本轨迹进行讨论,旨在为尼安德特人拥有语言能力增添证据。基于讨论的结果,我们认为有可靠的证据表明尼安德特人不仅具有语言能力,甚至具有言语(speech)能力。

# 第三章　尼安德特人的解剖特征

## 第一节　发声解剖特征和言语能力

虽然语言（language）和言语（speech）被认为是两个不同的概念，言语被认为是语言能力的一种外化形式（externalized form），手语则可以视为另一种外化形式（Berwick et al.，2016），但是，判断是否具有语言能力的一个最重要因素就是是否有有声的言语（Lieberman et al.，1971）。因此，尼安德特人是否与现代人类具有相同的发声解剖特征、能否发出人类语言音域范围内的音素一直是我们十分关注的问题。

我们知道，人类能否产生言语主要是由声道的解剖特征决定的。具体而言，喉部（larynx）决定着音素的基频（fundamental frequency），而喉上声道（supralaryngeal vocal tract）制约着共振峰频率（formant frequency）。例如，/a/和/i/这两个元音的基频是相同的，由喉部决定，但是，它们的差异体现在共振峰频率的不同，这是由喉上声道决定的。也就是说，喉上声道对于音素的区别性特征起着决定性作用。那么，尼安

德特人与现代人类的喉上声道有无区别呢？Lieberman &
Crelin(1971)根据在法国圣沙拜尔(La Chapelle-aux-Saints)发
掘的尼安德特人的颅骨化石，首先对其颅骨解剖特征进行了重
构，并通过与现代人类新生儿和成人的颅骨进行比较，发现尼
安德特人与人类新生儿的颅骨特征极为相似，但与现代成年人
的颅骨特征存在差异。与现代成年人相比，尼安德特人和现代
新生儿体现的差异可以概括为以下几个方面(Lieberman et
al.,1971：206-208；May,1975：9-10)：(1)尼安德特人的水平
下颌骨主体(body of mandible)比倾斜的枝干(ramus)更长，而
现代成年人的下颌骨主体和枝干长度基本相同；(2)就倾斜的
下颌骨枝干与水平主体之间的夹角而言，尼安德特人与现代新
生儿的这种夹角更大，而现代成年人体现的夹角较小，更接近
直角；(3)尼安德特人和现代新生儿的下颌突(mandibular
coronoid process)更宽，下颌切迹(mandibular notch)更浅；(4)
尼安德特人茎突(styloid process)相较垂直平面更加倾斜，因
此，舌骨(hyoid bone)和喉部的位置更高；(5)齿弓(dental
arch)更近似 U 形，而现代成年人的齿弓近似 V 形；(6)尼安德
特人的硬腭(hard palate)前后距离(用 P 表示)相比硬腭后沿
与枕骨大孔(foremen magnum)前沿之间的距离(用 S 表示)，P
≤S，而现代成年人则 P＞S(50 个现代成年人头骨中，只有 2 个
例外)；(7)尼安德特人的位于枕骨大孔和蝶骨(sphenoid bone)
之间的枕骨部分更接近水平，而现代成年人的这部分枕骨则更
接近垂直。在详细描述尼安德特人、现代新生儿和现代成年人
颅骨特征的差异之后，Lieberman & Crelin(1971)聚焦喉上声

道特征的比较。具体而言：第一，尼安德特人的鼻腔和口腔比现代成年人的更大，形状更接近现代新生儿的形状，呈扁平状；第二，尼安德特人和现代新生儿的喉腔与咽腔接口处的位置较高，这与舌骨（hyoid bone）位置较高直接关联，因此，现代新生儿的发展过程涉及喉腔和咽腔接口的位置由高向低下降，舌头后部约 1/3 由水平方向转变为垂直方向，从而使声门与软腭的距离拉大，同时，喉—咽接口处以下的咽腔消失，因为它已经成为喉上声道的一部分。在重构尼安德特人喉上声道解剖特征的基础上，Lieberman & Crelin（1971）运用电脑模拟尼安德特人的喉上声道能够产生的共振峰频率，结果发现尼安德特人不能够发出元音 /u/，/i/，/a/，/ɔ/，而且，能够发出的辅音也只限于唇齿音 /b/，/d/。值得注意的是，Lieberman & Crelin（1971）的结论是尼安德特人不足以产生现代人类言语所涵盖的每一个音素，但是，他们并未否定尼安德特人的语言能力，相反，他们指出，"他（尼安德特人）的语音能力比现在非人类灵长目动物的语音能力更强，他的大脑可能已高度发展，足以在自己掌控的言语信号基础上产生一种语言。尼安德特人的总体文化水平已经如此之高，因此，这种有限的语音能力可能得以利用，因而存在某种形式的语言"（Lieberman et al.，1971：221）。

然而，Lieberman & Crelin（1971）基于尼安德特人颅骨化石对其颅骨解剖特征的重构和以此得出的结论——尼安德特人没有现代人类语言能力——受到众多质疑。针对尼安德特人（以及现代新生儿）与现代成年人在颅骨形态上的差异，May

(1975)通过对现代成年人颅骨的放射学研究认为,有许多具有突颌(prognathism)特征的现代人,与尼安德特人和现代新生儿一样,他们的下颌骨主体比枝干更长,但是,他们拥有正常的言语能力,此外,一些患有颅底扁平症(platybasia)或骨质发育不良的现代人,他们的硬腭前后距离(P)也不比硬腭后沿和枕骨大孔前沿之间的距离(S)更长,而这些人的言语能力同样正常。此外,尼安德特人的其他一些特征(如 U 形齿弓、茎突离垂直平面更加倾斜)也见于言语能力正常的现代人。而且,May(1975)特别指出,依靠颅骨化石模型无法准确定位大脑侧裂(sylvian fissures),不可能像 Lieberman & Crelin(1971:219)那样得出尼安德特人"额叶较小,大脑原始"的结论。May(1975:14)的分析结果则指向尼安德特人"与现代人类的大脑侧裂类似,强烈暗示其拥有语言所必需的神经发展基础"。

如果说 May(1975)在批评 Lieberman & Crelin(1971)时尚未将焦点放在声道解剖特征上,那么,Boë 等人(2002)则是聚焦尼安德特人的声道重构对 Lieberman & Crelin(1971)进行了反驳,认为没有任何理由否定尼安德特人拥有现代人类的言语能力。Lieberman & Crelin(1971)认为,元音空间(vowel space)是由/u/、/i/、/a/这三个元音决定的,现代人类能够产生这些元音是因为喉部下降使得咽腔增大而能够灵活控制共振峰频率,从而产生具有区别性特征的音素。由于喉部位置决定口腔和咽腔的长度,因此,Boë 等人(2002)首先将关注焦点放在喉部高度指数(laryngeal height index, LHI)上,也就是咽腔与口腔的比例。他们基于一个生物计量数据库(包括当今现

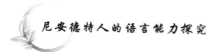

代人、埃及木乃伊和南美木乃伊的测量数据)以及他们其中一位研究人员(Heim)于 1976 年对分别发掘于法国圣沙拜尔和费拉西(La Ferrassie)的 2 个男性尼安德特人颅骨测量获得的数据(如表 3-1 所示),得出如下结论:(1)当今现代人类的 LHI 存在一个可变的范围(男性成年人 0.54—1.00,女性成年人 0.60—0.85,儿童 0.60—0.74);(2)尼安德特人的 LHI 虽然低于现代男性的 LHI 平均值,但是,依然在当今现代人类 LHI 变化的范围之内,发掘于费拉西的尼安德特人的 LHI 相当于现代女性 LHI 的平均值,发掘于圣沙拜尔的尼安德特人的 LHI 相当于现代女性 LHI 的最低值。

表 3-1　LHI 的范围和平均值(Boë et al., 2002:469)

|  | 男性成年人 | 女性成年人 | 儿童 |
|---|---|---|---|
| 现代人类 | 0.54—1.00 | 0.60—0.85 | 0.60—0.74 |
| 埃及木乃伊 | 0.70 | 0.70 | 0.65 |
| 南美木乃伊 | 0.80 | 0.73 | 0.68 |
| 费拉西尼安德特人 | 0.71 | / | / |
| 圣沙拜尔尼安德特人 | 0.60 | / | / |

就 LHI 而言,至少费拉西尼安德特人与现代成年女性相当,因此,他发出人类的任何元音应该没有任何困难(Boë et al., 2002:479)。为了检验 LHI 的变化究竟会对发音产生多大影响,Boë 等人(2002)运用发音线性变化模型(variable linear articulatory model,VLAM),通过电脑模拟 LHI 数值变化对应的最大元音空间(maximal vowel space)。这种方法比

起根据具体的音素（如/u/，/i/，/a/）的发音来推断某个声道模型的元音空间更加可靠，因为这些音素的发音本身很难确保是最佳的。Boë 等人（2002）的实验结果显示，LHI 数值的变化对最大元音空间的影响很小，换言之，不同的 LHI 数值可以产生相同的最大元音空间，原因是舌头和下巴的运动可以减小 LHI 数值的差异。基于数据的比较和模拟实验的结果，Boë 等人（2002：481-482）认为有理由相信尼安德特人与现代人类的颅底、舌骨、喉部位置、咽腔大小没有根本差异，如果尼安德特人不会说话，那也根本不可能是发音器官的局限造成的。

Arensburg 等人（1990）依据 20 世纪 80 年代在以色列的基巴拉洞穴（the Kebara Cave）发掘的一个古人类化石也得出相同的结论。该化石属于距今 6 万年前的旧石器时代中期，而具有重大意义的发现是化石中包含舌骨（hyoid bone）。虽然 Arensburg 等人（1990）没有就这化石是否属于尼安德特人下结论（因为 6 万年前多种形态的原始人类共存于中东地区，有些与尼安德特人更加相似，有些更接近现代人类，也有些处于中间状态），但是，该化石显示的骨骼形态更近似尼安德特人。由于舌骨通过肌肉、韧带与喉腔、咽腔、下颌骨、颅底等紧密相连，因此，可以通过下颌骨、下颌骨肌肉的痕迹及其与颅骨的联系而比较准确地定位舌骨和喉部的位置。通过形态和尺寸的比较，Arensburg 等人（1990）认为，该原始人的舌骨和喉腔的形态、大小及其与其他解剖结构的关系同现代人类几乎相同。由于该原始人与尼安德特人十分相似，因此，他们认为"尼安德特人与现代人类应该具有几乎相同的喉上声道，估计不存在发

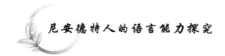

声能力的重大差异"(Arensburg et al.,1990：142)。

复杂言语表达的一个重要前提就是对呼吸的自主控制(MacLarnon & Hewitt,1999),因为呼吸的自主控制与发声学习、模仿能力密切相关(Fitch,2010：350),这要求大脑皮层接管脑干区域对呼吸进行控制,表现在胸间肌肉和膈膜的额外萎缩,在化石中表现为胸椎管(the thoracic vertebral canal)增粗。有证据表明,胸椎管的增粗既是现代人类的特征,也是尼安德特人的特征,这或许暗示两者的共同祖先(即海得堡人)已经具有该特征,能够自主控制发声(Dediu et al.,2013：7)。而且,尼安德特人和现代人类共有 *FOXP2* 的两个氨基酸置换特征也有利于支持尼安德特人的言语能力,因为 *FOXP2* 涉及口部和面部运动的控制,有利于促进发声学习和语言习得(Enard,2011)。

综合上述有关研究结果来看,虽然 Lieberman & Crelin(1971)否定尼安德特人具有现代人类的言语能力,但是,他们并未断言尼安德特人没有一点言语能力,只是认为尼安德特人不具有与现代人类同等的言语能力。而 May(1975)、Boë 等人(2002)和 Arensburg 等人(1990)则从颅骨与声道的解剖特征为尼安德特人具有现代人类的言语能力提供了更为可靠的证据。尼安德特人胸椎管的增粗以及与现代人类共有 *FOXP2* 也为其言语能力增添了间接证据。因此,从颅骨和声道等相关解剖特征而言,没有理由否定尼安德特人具有言语能力。

## 第二节　听觉解剖特征和言语能力

如果说发声解剖特征能够为我们提供涉及言语表达能力的重要信息，那么，听觉解剖特征则能够为我们提供涉及言语感知能力的重要信息（Dediu et al.，2013：6）。通过化石研究发现听觉能力并非难事，因为听觉能力主要基于物理特征，通过研究骨骼结构可以发现（Rosowski et al.，1991），而了解古人类化石揭示的听觉能力可以加深我们对人类言语听觉能力在进化过程中何时产生的理解（Martínez et al.，2004）。

根据已有的比较研究（如 Kojima，1990），黑猩猩与人类的听觉能力存在明显的差异。黑猩猩高度敏感的声音频率集中在大约 1000 赫兹和 8000 赫兹，但是，对 2000—4000 赫兹范围内的声音则缺乏敏感度，而 2000—4000 赫兹包含了大量与言语相关的声学信息（Martínez et al.，2004，2008），对于确保言语交际的清晰度十分必要（Martínez et al.，2008：4183）。当然，黑猩猩对这一频率区间声音缺乏敏感度并非表明它们听不到这个区间的声音，而是对大约 1000 赫兹和 8000 赫兹的声音更加适应。黑猩猩对 2000—4000 赫兹范围内声音敏感度的缺失和人类对此范围内声音的高度敏感可能与基因有关——已有证据显示，在人猿分离之后，人类祖先的一些与听觉有关的基因发生了适应性进化演变，包括 *DIAPH1*、*FOXI1*、*EYA4*、*EYA1*、*OTOR* 等基因（Clark et al.，2003），其中，*EYA1* 与外耳和中耳的进化有关（Abdelhak et al. 1997；Vervoort et al.，2002）。

那么，尼安德特人的听觉解剖特征与现代人类的听觉解剖特征是否相似呢？他们是否对 2000—4000 赫兹范围内的声音具有高度敏感性呢？Martínez 等人（2004）对在西班牙阿塔普尔卡山（Sierra de Atapuerca）胡瑟裂谷（Sima de los Huesos）发现的古人类化石中的 5 个化石标本进行 3D-CT 扫描，重构其外耳和中耳的解剖特征。根据他们的分析结果，这些古人类的外耳和中耳的解剖特征与现代人类言语传输能力相符，在 3000—5000 赫兹范围内与黑猩猩存在明显区别。因此，此项研究结果表明，"胡瑟裂谷发掘的古人类已经拥有支持感知人类言语的外耳和中耳的骨骼特征"（Martínez et al.，2004：9980）。根据铀系不平衡法测算，胡瑟裂谷的古人类距今至少 35 万年（Bischoff et al.，2003），而且，具有海得堡人的许多形态特征，同时具有尼安德特人的派生特征（Martínez et al.，1997），因此，Martínez 等人（2004：9980）甚至认为言语感知能力"已经存在于现代人类和尼安德特人最近的共同祖先"①。

---

① 值得一提的是，最近一项研究（Meyer et al.，2014）对胡瑟裂谷古人类化石中的一个标本进行了线粒体基因组测序，发现其线粒体基因组与丹尼索瓦人（Danisovans）祖先密切相关。我们知道，虽然丹尼索瓦人与尼安德特人、现代人类的线粒体 DAN 存在差异，但从核基因角度而言，丹尼索瓦人与尼安德特人属于姊妹物种。即便上述化石与丹尼索瓦人有关，其言语感知能力也暗示尼安德特人的言语能力。至少表明在现代人类之前的中更新世（Middle Pleistocene），古人类已经具有感知言语的解剖特征。

能否感知言语不仅与对言语传递声学信息的频率的敏感性相关,也与耳朵的内在结构尤其是中耳的听小骨(ossicles)相关,听小骨起着传导声波的作用。人的每一只耳朵含有三块听小骨,即锤骨(malleus)、砧骨(incus)和镫骨(stapes)。那么,尼安德特人的听小骨与现代人类的听小骨有没有差异呢?这种差异是否在现代人类听小骨变化的正常范围之内呢?Quam & Rak(2008)对在以色列的卡夫扎(Qafzeh)和阿穆德(Amud)发掘出的尼安德特人及早期现代人类的听小骨化石进行了3D-CT扫描和测量,发现尼安德特人的听小骨体现出一些差异:(1)他们的锤骨更大,锤骨头(锤骨颈)与锤骨柄之间的夹角更大;(2)他们砧骨长突(long process of incus)更长更直,缺乏弧度,而且,砧骨长突与短突(short process of incus)构成的夹角更小。尽管存在这两方面的差异,但是,这些差异都在现代人类相应的听小骨的正常变化范围之内,只是尼安德特人的这些特征在现代人类中出现的频率相对较低而已(Quam et al.,2008:431)。值得注意的是,尼安德特人的锤骨更可能与他们的体形相对较大有关。因为听小骨的大小通常与体形有关(Rosowski,1994),而且,通过比较年代不同的听小骨化石发现,随着时间的推移,尼安德特人的砧骨长度出现缩短的趋势(Quam et al.,2008:431)。"因此,可以断定尼安德特人的听小骨在本质上具有现代特征,这进一步支持这种观点——他们的听觉与现代人类的听觉即使不完全相同,也非常相似"(Dediu et al.,2013:6)。

# 第三节  大脑解剖特征和语言能力

虽然脑容量或脑商(即大脑与身体的比率)不是决定认知能力的唯一因素(Reyes et al.，2015；Hublin et al.，2015)，但是，大脑的进化是语言能力产生的必要基础。就脑容量而言，尼安德特人的大脑至少与现代人类的大脑一样大(Johansson，2013：46)，甚至超越了现代人类的大脑容量(Rightmire，2004；Tattersall，2010)。从大脑不同区域的比较来看，尼安德特人大脑的额叶、枕叶更大，而现代人大脑的顶—颞叶更大，且顶叶更圆(Reyes et al.，2015)。现代人类大脑顶叶变圆被称为"球化"(globularization)。虽然 Boeckx(2017)认为现代人大脑"球化"可能影响顶叶、小脑、额极(frontal pole)，甚至可能影响颞叶、嗅球(olfactory bulbs)、丘脑、胼胝体和顶叶视觉中心，可能导致某种神经通路的形成，支持语言复杂表征的产生和使用，但是，一方面这种可能性有待于将来研究证据的支持，另一方面，如 Bruner(2008：101)所告诫的那样，大脑形状的某些差异可能只是由面部和颅底骨骼的差异而导致，未必是由神经的差异而产生的。以大脑的额叶区为例，有观点认为人类进化涉及前额皮层(prefrontal cortex)的选择性增大(Passingham et al.，2014)。换言之，与其他灵长目动物的大脑相比，人类大脑的某些区域是按比例增长的，但是，人脑的前额皮层却不是按比例增长，而是发生了不成比例的额外增长。然而，最近一项研究（Gabi et al.，2016）发现，人脑的前额皮层也是按比例增长的，前额皮层的神经元的数量没有出现额外增加，前额皮层白质（white matter）中的细胞的数量也没有出现额外增加，因此，人脑与其他灵长目动物大脑的区别不是前额皮层的相对大小，而是其中的绝对神经元数量。我们知道布洛克区（Broca）位于前额皮层，是控制语言的重要中枢，主导着语言的句法系统（Ardila，2015）。鉴于尼安德特人的额叶不比现代人类的额叶小，且额叶也是按比例增长的，我们有理由相信尼安德特人前额皮层的神经元数量也未必比现代人类的更少。由于前额皮层涉及语言在内的多种高级认知能力，所以，就额叶皮层而言，尼安德特人应该不逊色于现代人类。

当然，许多学者（Reyes et al. 2015；Hublin, Neubauer et al.，2015）认为，大脑的发达程度并非完全取决于大脑某些区域的大小，更关键是取决于大脑发生的神经重组而形成的神经通路。由于神经组织不可能在颅骨化石中得以保存，因此，难以断定尼安德特人大脑中的神经通路究竟是什么样子的，与现代人类大脑的神经组织究竟有何不同。但是，从目前已知的基因突变而导致的大脑神经通路重组的角度来看，即便尼安德特人与现代人类的语言能力可能不尽相同，他们也完全可能具有某种程度的语言能力。以 *FOXP2* 基因为例，*FOXP2* 是与语言密切相关的基因之一，也是学术界最关注的基因之一。人类 *FOXP2* 与其他灵长目动物 *foxp2* 的重大区别是，人类 *FOXP2* 的第 7 个外显子的 911 和 977 位置发生了氨基酸置换，这两个位置上的氨基酸的置换与现代人类的语言能力密切

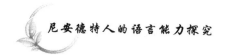

相关,更为重要的是,这两个位置上的氨基酸的置换不仅是现代人类的基因特征,也是尼安德特人的基因特征(Krause et al.,2007)。*FOXP2* 的两个氨基酸置换对于大脑皮层与基底神经节(basal ganglia)之间的神经通路产生了积极而重大的影响,有利于发声学习和语言习得(Enard,2011)。人类 *FOXP2* 一旦发生异常,会导致基底神经节的组成部分受损和功能失常,而且,人类正常的 *FOXP2* 基因植入老鼠的大脑后能增加老鼠的基底神经节的神经元突触的弹性,增加基底神经节和丘脑中树突的长度,从而促进神经元之间信息的传递。因此,人类基底神经节与大脑皮层之间神经通路的独特性应该与 *FOXP2* 增强了其动力从而提升了信息传递效率(Lieberman,2013)。*FOXP2* 甚至可能涉及语言的句法,因为植入了人类 *FOXP2* 的老鼠在从陈述性学习(declarative learning)向程序性学习(procedural learning)的过渡中,比没有植入人类 *FOXP2* 的老鼠学习速度更快(Schreiweis et al.,2014)。程序性学习涉及将行为序列程序化和自动化,有效的程序化可能有利于将言语和语言相关的行为序列化,从而加速语言特征的概率学习。此外,*FOXP2* 异常导致的失语症与布洛克(Broca)失语症类似,而布洛克区与语言的句法系统密切相关(Johansson,2013:49)。

谈及神经通路与语言的联系,Berwick 等人(2013)指出,不仅布洛克区本身重要,而且,连接布洛克区的 BA44 与颞上皮层后部(posterior superior temporal cortex,pSTC)的神经通路也至关重要,因为有充分证据表明这条通路支持复杂句法的加工。比如，其他灵长目动物和人类 7 岁之前儿童的这条神经通路相对更弱，因而难以加工复杂句法。Berwick 等人（2013）认为，从进化角度而言，这条神经通路的进化可能与 *FOXP2* 的突变有关。于是，这里需要思考的问题是，BA44 与颞上皮层后部之间的神经通路的进化究竟是由 *FOXP2* 的两个氨基酸置换所致，还是由后来现代人类独有的 *FOXP2* 调节元件的突变所致呢？根据最近一项研究（Maricic et al.，2013），虽然 *FOXP2* 在两个位置上的氨基酸置换是现代人和尼安德特人共有的特征，但是，在现代人类与尼安德特人分离之后，现代人的 *FOXP2* 大约在 5 万年前还发生了非编码蛋白质的调节元件的变化，可能影响该基因的表达。按照 Berwick 等人（2013）的观点，*FOXP2* 在 1 万—10 万年前的突变可能是导致上述神经通路进化的原因，换言之，这应该指的是 *FOXP2* 调节元件的突变，因为 *FOXP2* 的两个氨基酸置换显然在此之前（Somel et al.，2013）。但是，如前所述，*FOXP2* 的两个氨基酸置换已经加速了大脑皮层与基底神经节之间的神经通路的进化，这不排除 BA44 与颞上皮层后部之间的神经通路的增强，而且，*FOXP2* 调节元件的突变导致什么样的表现型，至今尚不清楚。如果说 *FOXP2* 调节元件的突变影响的只是语言的外化，而非语言本质特征（Berwick et al.，2016），那么，这或许表示现代人类只是在言语能力上比尼安德特人更强而已。因此，有理由相信尼安德特人不仅具有发达的额叶皮层，也具有进化的 BA44 与颞上皮层后部之间的神经通路。此外，*SRGAP2* 基因的突变也是发生在尼安德特人和现代人类分离

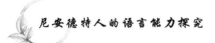

之前,该基因突变有利于抑制该基因原始形态的功能,降低脊椎的成熟速度,增加大脑皮层中树突棘(dendritic spine)的密度,提升大脑皮层神经通路的信息加工能力,对认知、学习和记忆都有着重大的意义(Charrier et al.,2012)。

不可否认,在现代人类与尼安德特人分离之后,现代人类也发生了一些基因突变,包括涉及新陈代谢的 THADA 基因,涉及认知的 DYRK1A、NRG3、GADPS2、AUTS2 基因,涉及骨骼发展的 RUNX2 基因(Green et al.,2010),还包括与大脑发展和功能相关的 CASC5、KIF18A、TKTL1、SPAG5、VCAM1 等基因,其中 CASC5、KIF18A、SPAG5 可能影响产生的神经元数量(Hublin et al.,2015)。然而,这些基因突变究竟如何影响大脑神经通路的重组从而影响语言能力,目前尚不清楚,尽管其中某些基因突变可能对现代人类大脑中神经弹性和婴儿期的延长起着积极作用,从而有利于促进学习和认知发展(Hublin et al.,2015)。在现代人类独有的基因变化中,有些只是涉及非编码蛋白质(non-protein coding)的调节元件(Mozzi et al.,2016)。这些基因的调节元件的突变究竟对大脑的表现型(phenotypes)产生怎样的影响,同样也有待更深入的研究(如 FOXP2 调节元件的突变)。

因此,就大脑解剖特征而言,尼安德特人的脑容量、神经元数量与脑容量按比例地增加,与神经通路相关的基因特征,以及 7 岁之前幼儿神经通路较弱但依然具有言语能力等证据有利于支持尼安德特人具有语言(甚至言语)能力的判断。

# 第四章　尼安德特人的抽象符号思维

语言在本质上是符号行为,可以视为抽象符号思维(symbolic thinking)(Tattersall,2014:204)。由于语言本身不可能形成化石,因此,通常的做法是通过检验保存下来的物质来间接推断有无抽象符号思维能力(Tattersall,2017)。抽象符号思维确实具有物质记录,因而,有理由认为具有抽象符号思维能力就意味着拥有言语能力(Tattersall,2017:65)。于是,大量研究的焦点关注的是具有抽象符号思维特征的物品在进化历史中何时出现。那么,尼安德特人是否具有制作和使用体现抽象符号思维性质的物品的能力呢?

一种观点认为,尼安德特人没有抽象符号思维能力。Ian Tattersall 就是其中的代表人物之一。Tattersall(2017)认为,拥有复杂行为本身并非意味着能够用我们现代人类的抽象符号方式加工信息,尼安德特人虽然将古老的直觉心理运算推进了一大步,但是,没有可靠证据表明他们能够以我们的抽象符号运算方式加工信息,甚至是早期的智人(Homo sapiens)在行为上与尼安德特人也没有重大差异。虽然早期智人与尼安德特人行为上没有重大差异,但是,早期智人的大脑已经发生了重组（可能是基因突变所致），已经具有了抽象符号思维能力，只是这种能力处于沉睡状态，尚未得以激发，而使抽象符号思维得以激发并体现在手工制品上的因素是文化，具体而言，是语言（Tattersall，2017）。直至大约 10 万年前起，才有证据表明智人具有稳定、可靠而且普遍的抽象符号运用行为。例如，在南非布隆伯斯洞穴（Blombos Cave）发现的距今 7 万多年的雕刻着几何图案的光滑赭石匾（Henshiwood et al.，2002）；在南非尖峰（Pinnacle Point）附近的洞穴发现的距今 4.7 万—7.2 万年的用火加热制成的石器（Brown et al.，2009）；在地中海东部地区以及北非和南非发现的距今 7 万—10 万年的被打孔、着色、串联的软体动物的外壳，可能用于身体装饰（Henshiwood et al.，2004；Vanhaeren et al.，2006；Bouzouggar et al.，2007；d'Errico et al.，2009，2010）。这些手工制品被认为明确反映了抽象符号思维过程（Tattersall，2018）。然而，已有越来越多的证据表明尼安德特人也同样具有抽象符号思维能力，体现在壁画和雕刻、装饰品、火的使用、颜料的使用、丧葬仪式等方面。

# 第一节　壁画和雕刻

明确承载抽象符号信息的物品或特征（如绘画、饰品甚至是反映制作者身份信息的工具）是古人类学家普遍接受的衡量现代行为特征的标准之一（Zilhão，2012：36）。洞壁中的绘画和雕刻是持久记录和传递抽象符号的一种方式,被认为是人类进化过程中认知的巨大飞跃。由于洞壁中的绘画和雕刻被认为是现代人类独有的,因此,这种行为被用来论证现代人类和其他人属物种(包括尼安德特人)之间的重大认知差异。

然而,在直布罗陀戈勒姆洞穴(Gorham's Cave)发现的尼安德特人的石雕(Rodríguez-Vidal et al.,2014),可以回溯至3.9万年前。该石雕不是无意图行为的产物,而是用尖锐的石器反复细致雕刻而成。在3.9万年前,解剖意义上的现代人类虽然到达了欧洲,但尚未抵达伊比利亚半岛南端。在德国和西班牙发现的现代人类雕刻在时间上离现在更近,而且,与该洞穴中发现的雕刻没有明显相似性,因此,所谓尼安德特人在现代人类文化影响下仿制的说法是不成立的。这一发现表明,尼安德特人有抽象思维能力,并通过几何图形加以表达,抽象思维不是现代人类独有的。

在法国费拉西(La Ferrassie)发掘出的属于旧石器时代中期的7具遗骸(Zilhāo,2007、2012),具有尼安德特人的形态特征这一事实无可争辩,其中,在一具成年男性遗骸旁发现的骨质残片上面有4组装饰性的刻痕,在一个土坑里发现一具儿童遗骸,身上放着三件燧石工具,土坑上覆盖着一块石灰岩,上面雕刻着杯状的孔洞(见下左图)。"因此,在费拉西的发现为欧洲尼安德特人确立了至少与同时期非洲人同等水平的抽象符号表达形式"(Zilhāo,2007:15)。

左图是刻有杯状孔洞的石灰岩；右图是带有 **4** 组刻痕的骨质残片（**Zilhão，2007：14**）

Pike 等人（2012）运用铀系不平衡法对西班牙 11 个洞穴中发现的壁画和雕刻进行年代测定。这种方法能够规避放射性碳 14 测定法带来的一些问题，能够确定壁画和雕刻的年代下限。他们发现洞穴中壁画和雕刻距今 3.56 万—4.08 万年。由于铀系不平衡法测定的是年代的下限，而现代人类在 4 万年前尚未到达伊比利亚半岛，尼安德特人在此生活至少至 4.2 万年前，因此，不排除其中某些作品是尼安德特人使用抽象符号后遗留下来的。

在波兰的佩卡雷希隆斯克（Piekary Śląskie）发掘出的 4 万年前的两块赭石上有抽象的图案。在法国中部的格罗特伦尼

（Grotte du Renne）洞穴属于查特佩戎（Châtelperronian）文化的地层中发掘出了 50 根尖锥和 5 根鸟类骨管，一些尖锥和骨管上面有规则的刻痕（Zilhāo，2007）。由于发掘这些物品的地层早于奥瑞纳（Aurignacian）文化，因此，这些物品极有可能来源于尼安德特人。

最近，Majkić等人（2017）对在克里米亚发掘出的一根尼安德特人遗留的乌鸦桡骨上的刻痕进行的分析，也为尼安德特人具有抽象符号思维增添了证据。这根桡骨上的 7 条刻痕明显是用石器雕刻而成的，而且，实验人员将其与火鸡桡骨雕刻进行比较，并对两者形态数据进行多元分析，发现两者极为相似，而且，乌鸦桡骨上的 7 条刻痕中有 2 条是随后添加的，应该是为了达到更好的视觉效果。因此，可以断定，这根桡骨上的刻痕不是屠宰切割造成的，这刻痕反映了尼安德特人的抽象符号行为。

## 第二节　装饰品

Zilhāo（2007：23-24）在综合人类学、考古学、地层学和放射测量学证据的基础上，认为在南欧、中欧和东欧发掘的属于旧石器时代晚期（Upper Paleolithic）最初阶段的各种技术产品都来源于尼安德特人，奥瑞纳时期（Aurignacian）（距今 2.9万—3.4 万年）的技术产品则属于现代人类，而介于其间的原奥瑞纳时期（Protoanrignacian）的技术产品则很难断定究竟属

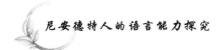

于尼安德特人还是现代人类,因为这是尼安德特人和现代人类发生接触和互动的时期。因此,在欧洲发现的最早的装饰品无疑都归属于尼安德特人,如表 4-1 所示。

表 4-1　旧石器时代晚期最初阶段在欧洲发现的尼安德特人饰品
（Zilhāo,2007：24-27）

| 装饰品 | 所属文化 | 发现地 |
|---|---|---|
| 1 个梭状坠饰;2 颗穿孔的牙齿 | 巴克克洛(Bachokirian) | 保加利亚 |
| 20 多颗角贝珠子 | 奥勒泽(Uluzzian) | 希腊 |
| 角贝制作的管状残片;穿孔贝壳 | 奥勒泽(Uluzzian) | 意大利 |
| 1 根针状骨刺;象牙圆盘 | 奥特缪尔(Altmühlian) | 德国 |
| 各种穿孔、带沟槽的饰品（包括狐狸牙齿、驯鹿趾骨、牛科门齿、马鹿牙齿、狼牙、箭石等） | 查特佩戎(Châtelperronian) | 法国 |

在意大利的富曼恩洞穴（Fumane cave）,自 20 世纪 80 年代发掘工作开始以来,在不同地层陆续发现了石器、动物遗骨等化石。Peresani 等人（2011）在属于旧石器中期（莫斯特文化）的地层发现了 660 枚鸟类骨骼化石,和尼安德特人化石混合在一起,距今 4.48 万—4.22 万年。这些鸟类翅骨上都有使用石器留下的刻痕,而那些最宽阔、最坚韧的羽毛恰好都长在翅骨上,因此,他们推断这些刻痕是尼安德特人有意剥离飞羽时留下的。由于洞穴中发现的鸟类大多体形不大,不适合作为食物,因此,羽毛的剥离可能与加工食物的过程无关,而是出于

装饰的目的。由于该地层属于现代人类到达之前的时期,而且,由于在奥瑞纳早期地层中缺乏类似的证据,从而,说明尼安德特人的这种现代行为是独立形成的,而不是通过现代人传播或模仿现代人类而获得的(Peresani et al.,2011:3893)。

Morin & Laroulandie(2012)也发现尼安德特人使用鸟类骨头作为装饰品的证据。他们在法国的康贝格林纳尔洞穴(Combe-Grenal)和费厄克斯洞穴(Les Fieux)属于莫斯特文化的地层中发现一些石器和鸟爪化石。由于该地层没有发现任何旧石器时代晚期的证据,因此,排除了早期现代人类使用的物品混入的可能性。在康贝格林纳尔洞穴发现的石器和鸟爪可以追溯至 10 万—6 万年前,在费厄克斯洞穴发现的石器和鸟爪可以追溯至 6 万—4 万年前。在这两处洞穴发现的鸟爪上都带有刻痕。由于这些鸟类以中型和大型猛禽为主,而且,鸟爪不可能用作食物,因此,极有可能是被用作抽象符号性表达的物品。

## 第三节　火的使用

抽象符号思维不仅体现在壁画雕刻和装饰品上,也体现在控制性使用火等复杂技术上。控制性使用火等复杂技术是抽象符号行为,也是衡量现代行为特征的标准之一(Zilhão,2012)。在德国克尼格索(Königsaue)的一个遗址中发现了尼安德特人使用火的复杂技术的证据(Zilhão,2007:40;2012:

38)——用桦树皮制作的 2 块焦油残片(其中一块残片上留下了指纹印记)。这些焦油是将木质手柄粘接到石刀上的黏合剂,年代测定结果表明其早于 4.4 万年前。通过化学分析发现,这些焦油是在隔氧和严格控温条件下经过几个小时的制作而形成的。由于这些残片比欧洲已知的最早的现代人类的奥瑞纳文化(Aurignacian)早几千年,而且,个人饰品在地层中层垂直分布,因此,不可能是欧洲现代人类留下的,也不可能是尼安德特人在缺乏理解的情况下从现代人类那儿通过模仿而获得的。

此外,2011 年在意大利一个名叫布奇内(Bucine)的村庄附近的土坑中也有类似的发现(Mazza et al.,2006)。在流沙和砾石中发现了大象和啮齿类动物的遗骨,时间可以回溯至中更新世晚期。遗骨中发现了 3 件石片器具,其中 2 件器具上有使用桦树皮制作的焦油粘接手柄的痕迹。由于这些器具的年代在 12 万年前(Zilhāo,2012:38),因此,也不可能是欧洲现代人类遗留的。

最近两项研究(Vidal-Matutano et al.,2017;Aranguren et al.,2018)为尼安德特人日常用火行为增添了新的证据。Vidal-Matutano 等人(2017)在西班牙东南沿海的阿利坎特省(Alicante)的两处考古遗址中发现了尼安德特人遗留的木炭。通过对木炭碎片程度和真菌腐蚀特征的量化微观分析,研究人员发现木炭的原料来自枯木,而且,尼安德特人收集枯木烧制木炭的行为是惯常行为,而不是随机行为。Aranguren 等人(2018)对意大利的托斯卡纳区(Tuscany)南部的一个叫波盖蒂维奇(Poggetti Vecchi)的考古地址进行了发掘研究,在最底下的考古层发现了 58 件黄杨木制工具及一些石器和象骨化石,距今约 17.1 万年,很显然这个年代是在现代人类到达欧洲之前。这些棍状的木制工具,一端光滑,另一端尖锐,可能是用作挖掘的工具。重要的是,这些木制工具上都有火烤的痕迹,可能是为了节省削制工具的劳动。这为尼安德特人利用火制作木制工具提供了证据。

## 第四节　颜料的使用

软体动物贝壳的穿孔和着色被广泛认为是非洲和邻近的西南亚地区最早出现的现代人类具有抽象符号思维的证据(Tattersall,2009)。由于在欧洲考古记录中缺少类似的发现,因此,这被视为尼安德特人缺乏抽象符号思维和认知能力低下的证据,并由此来解释尼安德特人最终被"走出非洲"的现代人类取代的原因(Klein,2003)。然而,Zilhão 等人(2010)在对西班牙穆尔西亚省(Murcia)的两个洞穴——库埃瓦-德洛斯阿维翁(Cueva de los Aviones)和库埃瓦-安东(Cueva Antón)的考古发现进行研究的基础上,得出了相反的结论。他们在这两个洞穴中发现了多种水生动物的贝壳,这些贝壳不仅被打孔,而且染上了黄色、红色、暗红色和黑色。通过分析,这些颜色是由天然色素混合而成的,包括纤铁矿(lepidocrocite)粉、赤铁矿(hematite)粉和黄铁矿(pyrite)粉等。通过年代测定,这些穿孔着色的贝壳属于旧石器时代中期,约 5 万年前。由于此时来自非洲的现代人类尚未"入侵",因此,断定这些物品为尼安德特人所有是绝对可靠的(Zilhāo et al.,2010:1207)。

Langley 等人(2008)对已有的 98 例涉及尼安德特人抽象符号行为和复杂行为的考古发现进行了梳理,在去除存疑的个例之后,有 49 例与尼安德特人相关,涉及西欧、中欧和西亚 30 个不同的发掘地址,时间在 4 万—16 万年前。这些考古发现,包括尼安德特人对颜料的使用,比如:在法国多尔多涅省(Dordogne)的一个考古地址(Pech de l'Azé)中发现了尼安德特人使用的一些骨质器具上涂有二氧化锰和赭石颜料,以及用以碾磨颜料的石灰岩;在罗马尼亚的一个考古地址(Cioarei-Borosteni)中,发现了 8 个用石笋制作的椭圆形容器,内面涂有赭石颜料。

## 第五节　丧葬行为

丧葬行为也被视为抽象符号思维活动。迄今为止,已经发现了大量尼安德特人具有丧葬行为的证据。早在 20 世纪 60 年代,在伊拉克北部的沙尼达尔洞穴(Shanidar Cave)中就发现了尼安德特人的骸骨(被命名为 Shanidar IV),该尼安德特人的死亡时间大约在 6 万年前(Solecki,1975)。根据对骸骨周围土壤的分析(Solecki,1975;Leroi-Gourhan,1975),考古学家发现其中含有各种植物的花粉粒,这些花粉粒呈现一簇一簇的分布状态,而且,产生这些花粉粒的植物依然在伊拉克可以找到。尤为重要的是,这些花粉粒的存在不是鸟类、啮齿动物或哺乳动物的粪便可以解释的(Leroi-Gourhan,1975:563),而是尼安德特人的丧葬行为,因此,"花与尼安德特人联系起来,为我们认识其人性增加了完全崭新的知识层面,表明其具有'精神(soul)'"(Solecki,1975:880)。此后,在世界许多地方也都发现了尼安德特人的丧葬仪式。根据 Langley 等人(2008)对已有的涉及尼安德特人丧葬活动的考古发现进行的整理,在以色列、叙利亚、法国等地(包括在伊拉克的沙尼达尔洞穴)的多处考古遗址发现了尼安德特人丧葬仪式的充分证据,见表 4-2。

表 4-2　尼安德特人丧葬的考古证据(Langley et al.,2008:297-299)

| 考古发现 | 地　　址 | 大约年代 |
|---|---|---|
| 1 个约 10 个月大的婴儿化石,骨盆上放置了 1 个马鹿的下颚 | 以色列,阿穆德(Amud) | 5.65 万年前 |
| 1 个 16—30 岁成年男性化石 | | 4.3 万年前 |
| 1 个约 7 个月大的婴儿化石 | 以色列,基巴拉洞穴(Kebara) | 6.16 万年前 |
| 1 个 16—30 岁的成年男性化石 | | 5.95 万年前 |
| 1 个约 30 岁的女性化石 | 以色列,塔崩洞穴(Tabun) | 15 万年前 |
| 1 个年轻的成年男性化石,附带骨器和石器随葬品 | 法国,莫斯特(Le Moustier) | 4.03 万年前 |
| 1 个儿童化石及骨器和石器随葬品 | 法国,莫斯特(Le Moustier) | 4 万年前 |

| 考古发现 | 地　　址 | 大约年代 |
|---|---|---|
| 1个40—45岁的成年男性化石及骨器和石器随葬品；<br>1个20—35岁的女性化石；<br>1个约10岁的儿童化石及石器和骨器随葬品；<br>在2个不同底层分别发现了1个胎儿化石及石器随葬品；<br>1个约1月大的婴儿化石及石器随葬品；<br>1个约3岁的儿童化石及石器随葬品；<br>1个约2岁的儿童化石 | 法国,费拉西<br>(La Ferrassie) | 4万—<br>7.5万年前 |
| 一个16—30岁之间的女性化石及骨器等随葬品 | 法国,基纳<br>(La Quina) | 6万—7.5万<br>年前 |
| 化石个体的性别年龄不详,有石器、熊骨等随葬品 | 法国,雷格多<br>(Le Regourdou) | 4.55万年前 |
| 1个约3岁的儿童化石及骨器等随葬品 | 法国,洛克玛索洞穴<br>(Roc de Marsal) | 6.5万年前 |
| 1个约50岁的男性化石及骨器和石器随葬品 | 法国,圣莎贝尔<br>(La Chapelle-aux-saint) | 6万—7万年前 |
| 1个约2岁的儿童化石,头边放置一块石灰岩,心脏处放置一块燧石 | 叙利亚,代德里耶赫洞穴(Dederiyeh Cave) | 4.5万—7.5万<br>年前 |
| 1个30—40岁的成年男性化石及随葬品 | 伊拉克,沙尼达尔洞穴(Shanidar) | 4.6万年前 |
| 1个20—30岁的成年男性化石及随葬品 | | 6万年前 |
| 1个40岁以上的成年男性化石 | | 4.7万年前 |
| 1个9个月大的婴儿化石 | | 7万年前 |

| 考古发现 | 地　　址 | 大约年代 |
| --- | --- | --- |
| 1 个 30—40 岁的成年男性化石；<br>1 个约 1 岁的儿童化石 | 克里米亚，基克科巴<br>（Kiik-Koba） | 9 万年前 |
| 1 个儿童化石及羊角随葬品 | 乌兹别克斯坦，特西<br>科卡西（Teshik-Tash） | 7 万年前 |

　　Langley 等人（2008）对尼安德特人抽象符号行为和其他现代行为的梳理不仅包括丧葬，还包括颜料的使用、原材料的改变、复杂技术的运用（如前文提及的尼安德特人以桦树皮为原料用火制作焦油的技术）等。更为重要的是，他们以时间为轴线，通过比较六个不同时期（14.1 万—16 万年前、12.1 万—14万年前、10.1 万—12 万年前、8.1 万—10 万年前、6.1 万—8 万年前和 4 万—6 万年前）的物品和行为，发现"一个明显的模式是，在考古记录中，无论是物品的数量还是种类，都随着时间的推移而增加。这种趋势不是线性的，而是指数式的增长，在 4万—6 万年前的期间增长得最快，说明在这一期间的考古记录中体现抽象符号和复杂行为的物品和特征的增速更快"（Langley et al.，2008：300）。这表明尼安德特人不仅有抽象符号思维能力，而且，这种能力在不断发展，尤其在尼安德特人晚期发展得最快。

　　与现代人类相比，尼安德特人抽象符号思维的外化物品相对匮乏，因此，Tattersall（2017，2018）否定尼安德特人拥有语言能力，因为他把抽象符号思维能力等同于语言能力（Tattersall，2017：65）。他认为具有抽象符号思维的证据必须

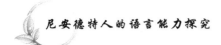

在更大的符号背景下考虑,换言之,只有存在稳定的、大量的抽象符号性物品和行为才是语言存在的充分证据,而零星的符号性物品和行为则不是语言存在的充分证据。然而,抽象符号性物品没有大量保留下来这种情况,即使在许多现代人种背景中也同样存在,因此,没有理由根据尼安德特人的文化得出其缺乏语言的结论(Dediu et al.,2013:9)。如Johansson(2013:56)所言,现代人类的某些群体(如澳洲的塔斯马尼亚人)留下的考古记录与旧石器中期尼安德特人留下的考古记录十分相似,澳洲的考古记录总体显示塔斯马尼亚人的现代行为严重匮乏,因此,可以断言尼安德特人稀少的艺术品记录应该与人口、生态和能源因素相关,而非与认知差异相关。同样的道理,现代认知的考古证据稀少也不是缺乏现代认知的证据。换言之,在现代行为和现代解剖特征之间不存在一一对应的关系(Zilhão et al.,2010:1207)。针对尼安德特人的现代行为是否源于对现代人类的模仿,Zilhão(2010:75)在接受《科学美国人》杂志采访时说道:"在现代人类进入欧洲之前,他们既没有像在查特佩戎发掘的那些带有钻孔或沟槽的哺乳动物牙齿,也没有像我们在西班牙发现的钻孔双壳贝,但是,一旦他们进入欧洲,他们就有了。现代人类是从哪里获得这些装饰品的呢?如果讨论的是青铜时代的人类,我们会得出结论说是外来者从当地人那儿获得的。为什么对待尼安德特人的东西,我们就不能一视同仁呢?"因此,Zilhão(2010:75)甚至认为尼安德特人和现代人类并非不同物种,对于他们与现代人类在解剖特征上的差异而在认知能力上相同的情况,我们不应该感到惊讶。

# 第五章　尼安德特人的基因

## 第一节　进化过程中的基因变化

人类与其他灵长目动物的区别在于人类能够创造、积累文化知识，并能将这种知识代代相传（Tomasello，2009；Richerson et al.，2004；Hill et al.，2009），这些能力是人类特有的认知和行为特征所致，包括社会认同和合作行为，广泛使用抽象符号、言语和语法（Whiten et al.，2012；Tennie et al.，2009）。而语言的使用无疑与人类认知能力获得质的飞跃密切关联。随着基因组比较研究的发展，迄今已经发现了在尼安德特人与现代人分离之前大量与语言能力进化相关的基因变化。

早在七八百万年前人猿分离之时（Langergraber et al.，2012），人类祖先的原钙粘附蛋白（Protocadherin）基因对（$PCDH11X/Y$）发生了突变，成为现代人类大脑非对称性的决定因素，与语言神经基础的进化密切相关（Priddle et al.，2013a，2013b）。具体而言，X 染色体中的原钙粘附蛋白 Xq21.3 区域在复制过程中移位至现代人类 Y 染色体的

Yp11.2 区域,而且,在移位过程中,Xq21.3 所含的三个基因(*TGIF2LX*,*PABPC5*,*PCDH11X*)的位置发生颠倒,而后在 Yp11.2 区域再次颠倒过来,同时 *PABPC5* 被删除,*TGIF2LX* 被截短,由此而形成的 *PCDH11X/Y* 基因对获得了加速进化。因此,就 *PCDH11X/Y* 基因对的突变而言,这是尼安德特人和现代人所共有的。当然,该基因对一直处于进化过程中,在尼安德特人和现代人类之间还是存在一定差异的。就目前所知,现代人类 *PCDH11Y* 胞域(cytodomain)和胞外域(ectodomain)已经分别积聚了 10 次和 8 次变化,而有关尼安德特人基因测序则显示 *PCDH11Y* 胞外域发生 1 次变化;人类 *PCDH11X* 胞外域发生了 4 次编码变化,而见于尼安德特人的只有 3 次。因此,"除非获得尼安德特人的确切基因测序,*PCDH11X* 中的 Cys680 半胱氨酶的引入和 *PCDH11Y* 的 17 次变化依然是人类独有特征的候选项"(Priddle et al.,2013b:41)。人类 *PCDH11X/Y* 基因对对智人大脑的非对称性的进化起着决定性的作用(Priddle et al.,2013b),极大地改变了大脑神经的连接特征,对与语言神经基础相关的人类大脑的进化起着关键作用(Priddle et al.,2013a)。但是,即便 *PCDH11X/Y* 基因对在随后进化过程中可能出现尼安德特人和现代人类之间的差异,但这种差异是否,以及在多大程度上对两者语言能力产生差异性影响,目前尚未可知。

　　*PCDH11X/Y* 是一个与大脑皮层增长相关的基因,在人属物种进化过程中也发生了突变,突变的结果是其一个增强子(enhancer)被删除,该增强子的删除有利于大脑皮层某些区域

的扩展(McLean et al., 2011)。虽然该基因的增强子被删除的进化时间尚未确定,但是,可以肯定的是该基因变化发生在尼安德特人与现代人类分离之前,换言之,该基因的增强子被删除是尼安德特人和现代人类共同的特征(Somel et al., 2013:113)。同样,另一个基因 SRGAP2 在人猿分离之后发生过三次不完整的复制,最后一次复制大约在 100 万年前,也是发生在尼安德特人和现代人类分离之前。SRGAP2 的复制对于大脑新皮层(neocortex)的扩展至关重要(Dennis et al., 2012),有利于抑制该基因原始形态的功能,从而降低脊椎的成熟速度,增加大脑皮层中树突棘(dendritic spine)的密度,提升大脑皮层神经通路的信息加工能力,对认知、学习和记忆都有着重大的意义(Charrier et al., 2012)。此外,将现代人类和黑猩猩的基因组进行比较研究,研究人员发现,HAR1F 基因在人类进化过程中获得了加速进化,在胎儿 7—19 周期间大脑新皮层增长过程中的 Cajal-Retzius 神经元中获得表现,对人类大脑皮层的六层结构化有着重大意义(Pollard et al., 2006),而 HAR1F 基因的突变也是发生在尼安德特人和现代人类分离之前(Somel et al., 2013:113)。另一个我们熟知的基因就是 FOXP2。人类 FOXP2 与其他灵长目动物相应的 foxp2 的差异在于,人类 FOXP2 发生了两次氨基酸置换(Krause et al., 2007;Meyer et al., 2012),FOXP2 的两个氨基酸置换对于大脑皮层与基底神经节(basal ganglia)之间的神经通路产生了积极而重大的影响,有利于发声学习和语言习得(Enard, 2011)。虽然现代人类 FOXP2 两个氨基酸置换的进化时间尚未确定,

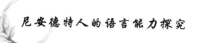

但是,已有研究显示 *FOXP2* 两个氨基酸置换是现代人类和尼安德特人共有的基因特征(Krause et al. ,2007;Maricic et al. ,2013)。

诚然,在现代人和尼安德特人分离之后,现代人类发生了一些独有的基因突变。例如,虽然 *FOXP2* 在两个位置上的氨基酸置换是现代人类和尼安德特人共有的特征,但是,在现代人类与尼安德特人分离之后,现代人类的 *FOXP2* 大约在 5 万年前还发生了非编码蛋白质的调节元件的变化,可能影响该基因的表达(Maricic et al. ,2013)。但是,如果 *FOXP2* 调节元件的突变只是影响言语(语言的一种外化形式)(Berwick et al. ,2016),那么,这种突变影响的并非语言本质,而是语言的外化模态,只能暗示尼安德特人与现代人类的言语能力可能存在一定的差异。

除了 *FOXP2* 之外,现代人类的 *CNTNAP2*、*ROBO1*、*ROBO2* 基因的非蛋白质编码元件也在其与尼安德特人分离之后发生了选择性清扫(selective sweeps)(Mozzi et al. ,2016)。*CNTNAP2* 是 *FOXP2* 的下调(down-regulate)基因。如果说 *FOXP2* 调节元件的突变涉及语言的外化,即言语能力,那么,*CNTNAP2* 或许也与言语相关,并非涉及语言本质。事实上,已有研究发现,*CNTNAP2* 调节元件的突变只对防止精神分裂症和躁郁症(bipolar disorder)起作用(Mozzi et al. ,2016:7)。*ROBO1* 则与听觉和言语相关的大脑区域有关联(Johnson et al. ,2009;Boeckx et al. ,2014a),*ROBO2* 与词语表达能力相关(Pourcain et al. ,2014)。因此,这些基因调节元件的变化可能并不影响语言的本质,影响的只是语言的外化形式。

刘希玲等人(Liu et al.,2012)通过基因组比较发现,在现代人类的转录因子 *MEF2A* 上游 50—100 千碱基(kb)的区域发生过突变,且发生于现代人类与尼安德特人分离之后。*MEF2A* 的变化导致大脑前额皮层中突触发展延迟,突触延迟发展与现代人类的未成年期延长密切关联,对学习和认知能力的发展有着重大意义(Hublin et al.,2015),而且,未成年期的延长意味着繁育后代的时间相对延迟,这与成年早期死亡率的降低可能存在关联(Trinkaus,1995)。如果尼安德特人与现代人类相比,其未成年期更短,而未成年期延长意味着有更大的弹性和学习空间,那么,这最多是暗示尼安德特人的认知能力与现代人类相比存在一定的劣势,而且尼安德特人成年早期的死亡率相比现代人类更高。但是,现代人类 *MEF2A* 的突变和尼安德特人相应基因没有发生突变这一事实,并非与尼安德特人是否拥有语言这一问题直接相关。

Boeckx & Benitez-Burraco(2014b)认为丘脑(thalamus)对语言和认知起着核心作用,因为丘脑调节额叶和顶叶之间的联通活动,因此,他们针对丘脑的神经联系和发展,为现代人类与尼安德特人分离后发生突变的基因列了一份清单。这些基因除了 *FOXP2* 之外,还包括:(1)*USF1* 基因,它涉及突触的弹性、神经元的存活和分化、脂类代谢,与阿尔茨海默症、脆性 X 综合征等疾病有关联;(2)*RUNX2* 基因,它制约着躯体上部和颅骨的形态;(3)*DLX1* 基因,它控制颅骨形态、丘脑发展、大脑的发展和区域之间的连接;(4)*DLX2* 基因,它涉及牙齿和颅面

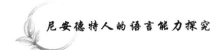

的发展;(5)*DLX5* 和 *DLX6* 基因,这两个基因控制着颅骨和大脑的不同发展阶段;(6)*BMP2* 基因,它对颅骨发展起着重要作用,影响大脑初生缝合线中间充质细胞(mesenchymal cells),而且,起着将肌肉转化成骨质的功能;(7)*BMP7* 基因,它与 *BMP2* 基因类似,对骨质生成起重要作用,而且,对颅骨和大脑发展至关重要,其变异会导致眼睛异常、听力丧失、学习能力丧失等病症;(8)*DISP1* 基因,它对丘脑发展起关键作用,现代人类的该基因发生正向选择,会导致蛋白质中的氨基酸发生变化。然而,Boeckx & Benitez-Burraco(2014b:10)强调:"……我们不是说所有这些基因获得选择就使得大脑为语言做好了准备,而是说由于这些基因在功能上相互联系,我们预计某一个或一些基因发生进化变化会影响整个系统。"换言之,这些基因的变化与语言究竟是否存在直接或间接关系,目前尚未知晓。

Green 等人(2010)通过基因组测序比较发现,在现代人类与尼安德特人分离之后,现代人类祖先的基因组的许多区域发生了正向选择,包括涉及新陈代谢(*THADA*)、认知(*DYRK1A*,*NRG3*,*GADPS2*,*AUTS2*)和骨骼发展(*RUNX2*)的许多基因,以及与大脑发展和功能相关的 *CASC5*、*KIF18A*、*TKTL1*、*SPAG5*、*VCAM1* 等基因,其中 *CASC5*、*KIF18A*、*SPAG5* 可能影响产生的神经元数量(Hublin et al.,2015),但是,这些基因与语言是否存在关系,存在怎样的关系则有待进一步研究。

## 第二节　尼安德特人与现代人类的基因交流

在对尼安德特人进行基因测序的早期研究中,研究人员得出的结论是尼安德特人和现代人类之间不存在基因交流。Krings 等人(1997)对最早在德国尼安德峡谷发现的尼安德特人化石进行了线粒体 DNA($mtDNA$)测序,并与 986 个现代人类个体的 $mtDNA$ 样本进行比较。他们发现,与现代人类相比,在尼安德特人含有 378 个碱基对(base pairs)的 $mtDNA$ 高变区 1(hypervariable region 1,HVR1)中,发生了 24 次转位突变(transition mutations)、2 次颠换(transversions)、1 次单核苷酸插入(single nucleotide insertion),而现代人类在同一区域的彼此差异则是平均 8 次替换(substitutions)。由于 Krings 等人(1997)在测序过程中采取了多种控制方法以确保提取的 $mtDNA$ 没有受到现代人类 DNA 的污染,因此,他们认为在尼安德特人消亡之前没有 $mtDNA$ 渗入现代人类的可能性。Nordborg(1998)以 Krings 等人(1997)的 $mtDNA$ 测序结果为基础,对现代人类与尼安德特人最近共同祖先的年代和现代人类本身最近共同祖先的年代进行推演,发现这两个年代之间存在巨大差异,因此,排除了尼安德特人与现代人类杂交的可能性。但是,他同时指出,"要评估基因交流,需要大量样本,要评估古老基因的交流,需要大量古老基因的样本",而且,如果现代人类的 $mtDNA$ 在最近发生过选择性清扫,也不能排除尼安

德特人与现代人杂交的可能性(Nordborg,1998:1239)。

Weaver & Roseman(2005)针对尼安德特人和现代人类的 $mtDNA$ 交流概率进行电脑模拟,他们设置了现代人类人口变化的两种模型,即稳定的人口模型、稳定人口及随后人口迅速增长模型,并比较了两种假设:第一,尼安德特人持续生存,即与现代人类接触1万年时间(3万—4万年前之间);第二,尼安德特人迅速消亡,即与现代人接触只有一代的时间。电脑模拟的结果如表5-1所示。在稳定人口模型下,如果尼安德特人与现代人类接触只有一代时间便迅速消亡,那么,尼安德特人对现代人类 $mtDNA$ 的贡献率很高(73.8%);而如果尼安德特人在与现代人接触1万年后消亡,那么,尼安德特人每一代的贡献率很低(0.2%),但总体贡献率也比较高(65.5%)。在稳定人口+迅速增长模型下,如果尼安德特人与现代人类接触只有一代时间便迅速消亡,那么,尼安德特人对现代人类 $mtDNA$ 的贡献率依然较高(24.3%);但是,如果尼安德特人与现代人类接触1万年后消亡,则其 $mtDNA$ 的贡献率几乎为零($\approx 0$)。由于考古证据支持稳定人口+迅速增长模型,而且,从现代人类进入欧洲(约4万年前)至尼安德特人消亡(约3万年前),其间约1万年时间,符合持续生存观点,因此,Weaver & Roseman(2005)认为尼安德特人 $mtDNA$ 渗入现代人类群体的概率几乎为零。

表 5-1　尼安德特人对现代人类群体 *mtDNA* 的最大贡献
（Weaver & Roseman,2005：680）

| | 迅速消亡 | 持续生存(1 万年) |
| --- | --- | --- |
| **稳定人口模型** | | |
| ［每代贡献］ | 0.738（73.8%） | 0.002（0.2%） |
| ［总体贡献］ | 0.738（73.8%） | 0.655（65.5%） |
| **稳定人口＋迅速增长模型** | | |
| ［每代贡献］ | 0.243（24.3%） | ≈0 |
| ［总体贡献］ | 0.243（24.3%） | ≈0 |

尼安德特人没有对现代人基因做出贡献的观点也得到了 Serre 等人（2004）、Currat & Excoffier（2004）和 Hodgson & Disotell（2008）的支持。Serre 等人（2004）认为，要确保从化石中提取的 DNA 具有内源性（endogenous）（不受其他物种 DNA 的污染），DNA 中氨基酸的含量、组成和化学保存必须符合一定的标准，如：氨基酸含量 > 30000 ppm，甘氨酸（glycine）与天冬氨酸（aspartic acid）之比在 1—10 之间，天冬氨酸外消旋化（立体异构 D/L 比率）< 0.10。他们以此为标准，从大量化石标本中筛选出了 4 个尼安德特人化石标本（2 个来自克罗地亚，1 个来自比利时，1 个来自法国）和 5 个早期现代人类个体化石标本（2 个来自捷克，3 个来自法国）。通过提取和比较 *mtDNA* 序列，他们发现 4 个尼安德特人的 *mtDNA* 序列与以前发现的尼安德特人 *mtDNA*（如 Krings et al.,1997；Schmitz et al.,2002）非常相似，但是，从 5 个早期现代人类化石中则没有发现这样的 *mtDNA* 序列。因此，就有限的样本研

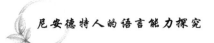

究结果而言,没有尼安德特人基因流入现代人类的证据。Currat & Excoffier(2004)运用电脑模型推演现代人类进入欧洲之后与尼安德特人杂交的概率,他们发现,即便是中等水平的杂交也会导致尼安德特人的 $mtDNA$ 完全取代"入侵"的现代人类的 $mtDNA$,而最低程度的杂交应该会导致少量尼安德特人 $mtDNA$ 流入现代欧洲人的基因库。然而,此前的相关基因测序研究(如:Richards et al.,1996;Handt et al.,1998)在现代欧洲的基因库中则没有发现尼安德特人的 $mtDNA$ 序列,因此,Currat & Excoffier(2004)否定现代人进入欧洲之后与当地尼安德特人发生杂交的可能性。Hodgson & Disotell(2008)把 15 个尼安德特人标本的 $mtDNA$ 测序结果与现代人类 $mtDNA$ 序列进行比较,认为"这些 $mtDNA$ 数据显示,迄今测序的所有尼安德特人标本形成了一个单源血统,在现代人类群体彼此分离几十万年前就与现代人类分道扬镳了",并在评析相关研究的基础上得出结论:没有任何证据显示尼安德特人对现代人类基因的多样性做出任何贡献。

上述研究关注的是 $mtDNA$。由于 $mtDNA$ 通过母系遗传,即便是男性从母亲那儿继承了 $mtDNA$,也无法将之遗传给自己的后代,因此,如果 $mtDNA$ 的测序比较研究发现尼安德特人没有对现代人类贡献 $mtDNA$,这也只能排除尼安德特人通过母系将基因遗传给现代人类的可能性(Hodgson et al. 2008:5;Wang et al.,2013:127)。针对这一问题,Noonan 等人(2006)运用宏基因组文库(metagenomic library),将焦点转向核 $DNA$($nDNA$),他们认为,"如果尼安德特人确实发生了杂交,那么,在我们的数据中应该表现为现代欧洲人的大量低频派生等位基因与尼安德特人匹配"(1117),然而,他们并没有这一发现。因此,他们也认为尼安德特人对现代人类基因多样性的贡献是零。

虽然这些研究都否定尼安德特人和现代人类之间存在基因交流,但是,这些研究大多只关注 $mtDNA$,而且,关注的方向是单向的,否定的是尼安德特人女性与现代人类男性交配的可能性,否定尼安德特人基因流入现代人类的可能性。那么,现代人类的基因(包括 $mtDNA$)是否可能流入尼安德特人呢? 此外,有限的尼安德特人化石标本也是一个问题:从某一个或某几个化石标本提取的尼安德特人基因序列与现代人类不符,并非否定其他或将来发现的尼安德特人基因序列在某种程度上与现代人类相符。正如 Nordborg(1998:1239)所言,要弄清是否存在古老基因的交流,需要大量的样本。采取模型方法进行推演,其中一个主要问题就是条件或参数的假设。 比如,Currat & Excoffier(2004:2265)模拟推演的前提条件就包括"现代人类和尼安德特人之间存在竞争,由于现代人能够更好地利用当地资源,因而具有更高的承载能力,从而能逐渐地取代尼安德特人"。但是,现代人类取代尼安德特人的真正原因至今尚未弄清楚。 模型预设条件存在问题,Hauser 等人(2014:8)在批评将模型运用于语言进化研究时就指出:"大量模型预设了语言含有组合性和离散无限性的表现型……但是,这种涉及语言表现型的预设对语言表现型首先是如何产生的并未提供任何启示,也没有明确核心生物能力的出现和它的适

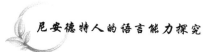

应（或非适应）功能之间的根本区别。最后一点，这些模型的潜在假设，包括执着于适应主义（adaptationist）纲领，通常是在没有任何实证前提下提出的，有时候甚至与已知的语言事实相反。"

随着越来越多尼安德特人化石标本的发现和基因组测序研究的进展，越来越多的证据显示，在尼安德特人和现代人类之间存在基因交流，而且，基因交流是双向的。

Green 等人（2006）选择的化石标本是 1980 年在克罗地亚温迪加洞穴（Vindija Cave）出土的三块尼安德特人骨骼样本的一块（Vi-80），因为这块骨骼化石基本上没有受到现代人 *mtDNA* 污染。他们通过高通量测序（high-throughput sequencing）比较该尼安德特人、现代人类和黑猩猩的基因组，把现代人类与尼安德特人的分离时间确定在平均约 51.6 万年前。更为重要的是，虽然他们对 *mtDNA* 序列的比较发现该尼安德特人的 *mtDNA* 在现代人类 *mtDNA* 变化范围之外，但是，当他们在比较单核苷酸多态性（single nucleotide polymorphisms，SNPs）时则有了新的发现。如果现代人类与尼安德特人分离时间十分久远，那么，尼安德特人应该不会携带派生的人类 SNPs，而如果两者分离时间相对较晚，那么，就会在尼安德特人的基因组中发现这种派生的人类 SNPs。于是，他们一方面对一名当代人的基因组进行测序，并与现代人类基因组数据进行对比，发现现代人类等位基因的分化时间是平均约 45.9 万年前；另一方面他们对上述尼安德特人基因组和现代人类基因组数据进行比较，发现该尼安德特人基因组中含有 30% 的现代人类的派生 SNPs。因此,他们认为:"尼安德特人含有的高水平的派生等位基因与单一的群体分离模型是不相符的。"(Green et al.,2006:335)换言之,在现代人类与尼安德特人分离之后两者之间存在基因交流。而且,考虑到尼安德特人 X 染色体比常染色体的分化水平更高,他们认为这种基因交流很可能是从现代人类男性流入尼安德特人的(Green et al.,2006:335)。Green 等人(2010)还将尼安德特人的基因组(包括来自 5 个尼安德特人的超过 40 亿核苷酸)与 5 名当今的欧亚人和非洲人的基因组进行比较,发现尼安德特人与现代欧亚人拥有更多相同的等位基因,现代欧亚人有 1%—4% 的等位基因来源于尼安德特人。这说明在现代欧亚人群相互分离之前,尼安德特人和现代人类之间发生了基因交流现象,并且是从尼安德特人进入现代人类的。

Wall 等人(2013)运用 D 统计分析法和连锁不平衡分析法(linkage disequilibrium analysis,LD)两种方法对尼安德特人基因组和来自不同现代人类群体的 42 个个体的基因组信息进行分析比较,得出与 Green 等人(2010)不完全相同的结论。他们发现,尼安德特人的基因流入现代东亚人群体的比率高于流入现代欧洲人群体的比率,前者所含尼安德特人基因的比重高出后者所含尼安德特人基因比重约 40%。这说明尼安德特人与现代人类之间的基因交流并非只是在尼安德特人与现代人类在非洲分离后但又在两者走出非洲之前的单一阶段发生的,"尼安德特人与现代人类之间的基因交流至少有两个不同的阶段,其中,至少有一个阶段发生在现代欧洲人和现代东亚人的

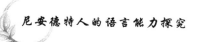

祖先分离之后……在这个阶段,欧洲人的祖先发生分化,与尼安德特人的基因交流少于东亚人祖先与尼安德特人的基因交流"(Wall et al.,2013:207)。由于考古记录没有发现过去3万年间尼安德特人的化石,这说明现代欧洲人和现代东亚人的分离应该发生在尼安德特人灭绝之前(超过3万年)(Wall et al.,2013:208)。而且,在东非马赛人(Maasai)的基因组中发现有较高水平的尼安德特人基因流入,这似乎有点不可思议,一种可能的解释就是,这是马赛人祖先与非洲之外的群体间发生交配的结果,而不是来自马赛人祖先与尼安德特人直接交配的结果,应该是在最近几千年前发生的(Wall et al.,2013:201,208),这也符合Wang等人(2013)对非洲不同群体含有不同水平尼安德特人基因的解释。非洲群体大多不含尼安德特人(或丹尼索瓦人)的基因,即便在有些非洲群体中发现,也极可能是在最近与非洲之外群体混合所致的(Vernot et al.,2016)。简言之,尼安德特人与现代人之间的基因交流模式非常复杂,时间、地点和方式并非是单一的,既包括在非洲两者分离之后发生的基因交流,也包括现代人类最近走出非洲之后与尼安德特人的基因交流,还包括现代非洲人祖先与非洲之外现代人类祖先(已经与尼安德特人发生过基因交流)之间的基因交流。

尼安德特人与现代人类之间的非单一基因交流模式也获得了Vernot & Akey(2014,2015)和Kim & Lohmueller(2015)的认同。Vernot & Akey(2014,2015)通过分析379名欧洲人和286名东亚人基因组中含有的尼安德特人基因序列之后也得出同样的结论,即东亚人群含有尼安德特人基因的比重高于欧洲人。针对如何解释这一问题,他们提出了两种假设:一种假设与 Wall 等人(2013)观点相同,即尼安德特人在欧洲人与东亚人分离之后与东亚人发生了基因交流;另一种假设是,欧洲人与东亚人分离之后,欧洲人与另一个现代人类群体(来自非洲但不含尼安德特人基因)发生交配,从而淡化了欧洲人所含的尼安德特人基因。有观点认为东亚人群比欧洲人群含有尼安德特人基因的比重更高是因为东亚人群体较小,因而,去除轻微有害的尼安德特人基因的净化选择(purifying selection)效应相对较小。针对这种观点,Kim & Lohmueller(2015)对净化选择和人口模型进行电脑模拟推演,推演结果否定上述观点。因此,他们也认为只有非单一模式的基因交流才能解释东亚人群比欧洲人群含有更高比重的尼安德特人基因的事实。总而言之,Wall 等人(2013)、Vernot & Akey(2014,2015)和 Kim & Lohmueller(2015)不仅支持尼安德特人与现代人之间发生过基因交流,还为两者基因交流的复杂模式提供了证据。

同样,比较 Sankararaman 等人(2012)、付巧妹等人(2014)和 Kuhlwilm 等人(2016)的发现,也能为这种复杂的基因交流模式提供更多的证据。Sankararaman 等人(2012)采用连锁不平衡分析法(LD)对现代欧洲人的基因组进行研究,发现尼安德特人的基因流入欧洲人的时间在 3.7 万—8.6 万年前,且认为发生在 4.7 万—6.5 万年前的可能性更大。因此,他们认为两者之间的基因交流是在现代人类最近走出非洲之后发生的。

然而,Kuhlwilm 等人(2016)通过分析阿尔泰尼安德特人和同一地址发掘的一个丹尼索瓦人的基因组,以及分析另外两个尼安德特人(分别来自西班牙和克罗地亚)的第 21 条染色体序列,发现早在 10 万年前一群早期现代人类的基因流入阿尔泰尼安德特人,但没有流入丹尼索瓦人以及西班牙和克罗地亚的尼安德特人。该现代人类群体应该是在更早时期在非洲与其他现代人类群体发生了分离。这说明在后期(3.7 万—8.6 万年前)(Sankararaman et al., 2012)发生的尼安德特人与现代人类杂交之前,尼安德特人祖先就与早期现代人类进行了杂交。这一发现也符合现代人类群体不止一次走出非洲的假设。2008 年在西伯利亚西部的乌斯季伊希姆(Ust'-Ishim)发现了一个早期现代人男性的股骨干化石,距今约 4.5 万年。付巧妹等人(2014)通过基因组测序发现,这个早期现代人所属的群体应该生活在欧亚大陆东西群体分离之时或之前,而且,该现代人所含尼安德特人的基因比重与现代欧亚人所含尼安德特人基因的比重相当,但与现代欧亚人相比,该现代人含有尼安德特人基因的基因组片段更长。这说明尼安德特人基因流入该现代人祖先比其生活的年代更早(早 7000—1.3 万年),即在5.2 万—5.8 万年前。

继 2008 年在阿尔泰山脉的丹尼索瓦洞穴中发现了丹尼索瓦人(尼安德特人的一个分支)的一截手指骨化石之后,2010年在同一地层发现了另一截脚趾骨化石,距今至少 5 万年(Prüfer et al.,2014)。基因组测序显示,其 *mtDNA* 与尼安德特人 *mtDNA* 密切相关,与之前 *mtDNA* 测序的 6 个尼安德特

1 第五章
尼安德特人的基因

人(Briggs et al.，2009)拥有共同的祖先。Prüfer 等人(2014)通过把该趾骨的基因组与丹尼索瓦人基因组、发掘于克罗地亚的 3 个尼安德特人的基因组、发掘于高加索的 1 个尼安德特人的基因组，以及 25 个现代人的基因组进行比对，发现该趾骨的核基因组是其他尼安德特人基因组的分支，因为该趾骨的基因组与其他尼安德特人基因组的差异只是尼安德特人与丹尼索瓦人基因组差异的三分之一。因此，可以断定该趾骨源于尼安德特人，而且，相关基因信息显示该尼安德特人是女性(被称为阿尔泰尼安德特人)。此外，通过全覆盖度基因组测序，他们估计非洲之外现代人类有 1.5％—2.1％来源于尼安德特人，而且，与来自高加索的尼安德特人关联度最高。同样重要的发现还包括尼安德特人的基因流入丹尼索瓦人，以及丹尼索瓦人的基因流入亚洲大陆和大洋洲的现代人类。因此，可以说在更新世晚期的多种人属物种之间都存在基因交流，尽管交流的水平不是很高。

2002 年在罗马尼亚的欧斯洞穴(Oase Cave)中发现了一个现代人的下颌骨，放射性碳 14 测定的年代为 3.7 万—4.2 万年前，属于欧洲最早的现代人之一。付巧妹等人(2015)通过基因组测序分析发现，这个现代人的基因组中有 6％—9％的 DNA 来源于尼安德特人，比任何现代人类基因组中发现的尼安德特人 DNA 的比重都要高，而且，来源于尼安德特人 DNA 的 3 个染色体片段的大小超过 50 厘摩(centimorgans)，表明该现代人回溯四至六代有一个祖先是尼安德特人。

尽管之前的一些研究认为,在现代人类身上没有发现尼安德特人的 $mtDNA$ ,因而否定现代人类男性和尼安德特人女性杂交的可能性,但是,最近一项研究(Sharbrough et al.,2017)则有相反的发现,即现代人类基因组中存在少量尼安德特人的 $mtDNA$ ,证明现代人类男性和尼安德特人女性杂交的可能性也是存在的。

尼安德特人与现代人类杂交的证据还体现在最早的欧洲人的形态特征上。最早的欧洲现代人类在失去非洲现代人类某些特征的同时,体现了尼安德特人的一些典型形态特征,包括脑颅形状、颅底外部形态、下颌枝和联合区形状、牙齿的形状和大小等(Trinkaus,2007)。尼安德特人的基因不仅影响最早的欧洲人的形态特征,同样也对当今现代人类的颅骨形态(尤其是枕骨和顶骨)、睾丸的形态(Gregory et al.,2017;McCoy,Wakefield & Akey,2017),以及牙齿所含的蛋白质和牙齿形态(Zanolli et al.,2017)产生了重要影响。

从已有的研究结果来看,可以肯定尼安德特人与现代人之间存在基因交流。那么,两者之间的基因交流对于探索尼安德特人如何消亡以及尼安德特人是否拥有语言能力有怎样的启示呢?

## 第三节　重构尼安德特人的灭绝

　　本书第二章曾提及关于尼安德特人灭绝的不同假设。第一种观点认为尼安德特人与现代人的认知能力差异,尤其是现代人具有语言能力而尼安德特人没有此能力(Tattersall,2018),是现代人类取代尼安德特人的根本原因。然而,在人类近代史中,种族灭绝的现象并非罕见,而灭绝的原因并非是语言能力的差异。换言之,即便是同样具有语言能力的种族,也会有灭绝的可能。例如,公元319年在中国东晋时期建国的羯族,在仅仅30年的时间后就遭到冉魏帝冉闵的屠杀而灭绝(王延武,2003)。又如,原来生活在南美洲火地岛(Tierra del Fuego)的赛尔卡娜姆(Selk'nam)土著民族也因遭受种族灭绝而于19世纪70年代最终消亡,其语言也随之在19世纪80年代消失(Adelaar,2010)。就总体认知能力而言,猴子很难与黑猩猩相比,但是,猴子并没有因为与黑猩猩生活在同一地区而灭绝。因此,以尼安德特人认知能力相对低下和缺乏语言能力解释其灭绝的原因,缺乏充分的证据。

　　第二种观点认为尼安德特人的灭绝是气候变化所致,是一次极其严寒的气候事件导致的(Müller et al.,2011;Zilhão,2006),或者是尼安德特人因为多次严寒事件人口衰减,并最终在一次极寒气候下灭绝(Tzedakis et al.,2007)。这种观点并不可靠,因为尼安德特人长期生活在欧洲及西伯利亚地区,有

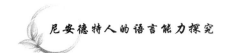

理由相信他们更加适应当地的气候,而且,在尼安德特人灭绝之前他们已经与现代人类共处,甚至杂交,所以,严寒气候导致尼安德特人灭绝却没有导致现代人类灭绝这一说法让人无法相信。有关伊比利亚半岛西北部尼安德特人晚期生活的地区的古气候重构研究显示(Rey-Rodríguez et al.,2016),当时的气温比现在低,降水更多,而尼安德特人已经适应当时的气候环境,因此,古气候环境不可能成为单一解释尼安德特人灭绝的原因。此外,考虑各种变化参数(包括人口、气候、竞争等)的模型研究也表明,尼安德特人的灭绝不可能是气候(或饥饿)所导致的(Sørensen,2011)。

第三种观点认为现代人的绝对数量优势是尼安德特人在与现代人竞争中最终被取代的最根本原因(Mellars et al.,2011)。Mellars & French(2011)关注的是法国西南部阿基坦地区(Aquitaine),因为这个地区具有悠久的考古发掘和考古研究的历史,而且是欧洲发现尼安德特人和早期现代人类居住地最密集的地区。他们把考古记录的时间段放在 5.5 万—3.5万年前之间,因为这是从尼安德特人向现代人类过渡的典型时期。他们依据 3 个参数来比较人口数量和密度:(1)居住地的总体数量;(2)石器和作为食物的动物遗骨的密度;(3)居住地的空间范围。他们发现随着时间由远及近(5.5 万→3.5 万年前),上述 3 个参数值由小增大,显示现代人类的人口数量和密度不断增加,并且在这个过渡期间增加了 10 倍。因此,他们认为现代人类进入欧洲之后急剧增长的人口数量是其取代尼安德特人的主要原因。不过,也不排除现代人类其他因素的作用,如狩猎和食物加工技术的发展,社会融合和凝聚力的提升,计划能力的提升,抽象符号和艺术能力的传播等。但是,依据考古记录只能从表象对现代人类取代尼安德特人的原因进行推断,未必是全部的真相。正如 Dogandžić & McPherron (2013)所批评的那样,首先,尼安德特人居住地的时间测算已经超出了放射性碳测定年代的范围,在时间定位上还存在争议,因此,这些居住地究竟是否与现代人类居住地属于同时代依然存疑。对于石器和动物遗骨的密度,Mellars & French (2011)计算的方法是考虑每 1000 年每平方米出现的石器和动物遗骨的数量。但是,尽管他们将此地发掘的尼安德特人归属于两个时期,即莫斯特时期(Mousterian)和查特佩戎时期(Châtelperronian),但在计算石器和动物遗骨密度时把这些物品的时间跨度归纳为 5000 年,而针对现代人类则将奥瑞纳时期(Aurigancian)细分为早期和晚期,分别跨越 2500 年。这样一来,尼安德特人相关物品的密度是物品的数量除以 5 而获得的,而现代人类相关物品的密度则是物品数量除以 2.5 而获得的,因此,这种计算方法存在问题。关于所谓居住地的空间范围,Mellars & French(2011)的假设是,考古发现的空间范围越广,人口数量就会越多。但是,空间的使用受地理形态的影响,在开阔的地带,人们有机会常去,但这既不能说明这些是居住地,也不能反映人口的数量,而且,即便是留下现代人类踪迹的地方,也不能排除尼安德特人在现代人类到达之前也去过,只

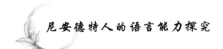

不过尼安德特人的踪迹已经被侵蚀殆尽而没有保存完好而已[①](Dogandžić et al.,2013)。最近一项研究(Rogers et al.,2017)也为尼安德特人灭绝的人口假设提供了反面证据。Rogers,Bohlender & Huff(2017)基于 DNA 测序数据的统计分析结果发现,在现代人类与尼安德特人/丹尼索瓦人的祖先发生分离之时,属于后者的人口数量下降至很低的水平,但是,当尼安德特人与丹尼索瓦人再发生分离之后,尼安德特人的人口迅速增长并分化成很多群体。虽然就单个群体而言,尼安德特人的人口数量可能相对较少,但是,尼安德特人的总体人口数量并不少。因此,把尼安德特人的灭绝归因于人口数量的绝对劣势,缺乏充分证据。

第四种观点认为尼安德特人与现代人类之间的基因交流是尼安德特人灭绝的根本原因。根据这种观点,尼安德特人与现代人类之间的基因交流对于两者产生的影响是不一样的。虽然尼安德特人基因流入现代人类可能使得现代人类适应性降低至少 0.5%,但是,尼安德特人许多有害的基因突变对于现代人类而言不仅是隐性的,而且,这些突变对现代人类进化过程中出现的有害等位基因起到抵御作用,从另一个角度而言这反而提升了现代人类的适应性(Harris et al.,2016)。Houldcroft & Underdown(2016)也表达了相似的观点,认为现代人类含有尼安德特人基因的基因组区域与病毒感染和免疫

---

① 事实上,在以色列黎凡特(Levant)的空旷地区也发现了属于旧石器中期稍晚阶段(距今 6 万—7 万年前)尼安德特人的遗骨,表明尼安德特人不仅限于洞穴,是富有弹性的群体(Been et al.,2017)。

相关,虽然尼安德特人的一些基因对现代人类而言有轻微的危害性(Juric et al.,2016),但是,这些有害基因产生的有害表现型会受到净化选择而被清除①,而尼安德特人的另外一些基因则由于为现代人类带来更强的免疫力而获得选择。由于现代人类走出非洲时携带了大量的病原体,而现代人类与尼安德特人基因的高度相关性使得病原体的传播更加容易,因此,考虑到现代人类和尼安德特人在时间和地理上的重叠性以及两者杂交的证据,现代人类携带的病原体传播给尼安德特人是可以肯定的,而现代人类病原体流入尼安德特人对于后者而言则可能是灾难性的(Houldcroft et al.,2016:384-385)。

　　但是,这种解释并非完全正确。无论是现代人类男性与尼安德特人女性杂交,还是现代人类女性与尼安德特人男性杂交,杂交产生的下一代既含有现代人类基因,也含有尼安德特人基因,我们很难说杂交产生的后代是尼安德特人还是现代人类。如果说现代人类的基因对杂交的后代是致命的,那么,杂交的后代就很难再繁衍下去。合理的解释应该考虑尼安德特人的人口和基因交流两个方面。一方面,虽然尼安德特人的总体人口数量较多,但是,就单个群体而言,其人口数量则较少(Rogers et al.,2017)。尼安德特人在与现代人类接触之前存在长期群体内通婚现象,导致遗传性疾病率上升,使得人口数量不断减少,其适应性相较现代人类降低了至少40%。在现

---

　　① 进入现代人类的尼安德特人的基因不一定得到完全的清除。最近一项研究(Mozzi et al.,2017)显示,导致现代人类神经发展障碍的部分原因就是尼安德特人基因流入。

代人类与尼安德特人杂交时期,两种人口比率接近 10∶1（Harris et al.,2017）,也就是说,就尼安德特人内部通婚而言,其人口减少的趋势不可避免。另一方面,当尼安德特人与现代人类杂交时,由于尼安德特人的适应性较弱,杂交产生的后代所含尼安德特人的危害性基因在进化过程中经由自然选择而被逐渐净化清除。Sankararaman 等人（2014）和 Vernot & Akey（2014）发现,现代人类基因组中所含的尼安德特人 DNA 很少与现代人类的一些重要的基因重叠,这表明在基因组重要区域含有尼安德特人 DNA 的现代人类与那些在基因不重要区域含有尼安德特人 DNA 的现代人类相比,前者繁衍后代的能力更弱（Castellano et al.,2014）。付巧妹等人（2016）的实证研究为自然选择的净化清除提供了证据。她们通过分析比较 7000—4.5 万年前的 51 个具有现代人类解剖特征的个体的基因组,发现年代越久的个体所含尼安德特人的基因成分越多。因此,如 Harris & Nielsen（2017）所言,尼安德特人的消亡可能既不是因为战争,也不是因为竞争,而是因为"爱"。换言之,尼安德特人并没有真正彻底消亡,而是被现代人类"溶解"而已。

## 第四节　基因交流与尼安德特人的语言能力

如果尼安德特人和现代人类存在杂交现象,而现代人类具有语言能力,那么,这无疑提升了尼安德特人拥有语言能力的可能性。如果尼安德特人与现代人类杂交产生的后代没有语言能力，那么，从后代成功繁衍的角度而言，这几乎是不可能的。因此，两者杂交产生的后代应该具有语言能力，这就说明要么尼安德特人具有语言能力，要么相关基因的杂合使得其具备语言能力成为可能。但是，来自 *FOXP2* 的相关证据不支持后一种可能性，因为父母一方的 *FOXP2* 突变产生的语言障碍也体现在后代身上。因此，只要尼安德特人与具有语言能力的现代人类杂交，就意味着尼安德特人也具有语言能力（Johansson，2013：51）。如果早期的现代人类已经具有语言能力，已有证据显示 10 万年前尼安德特人与早期现代人类之间存在基因交流（Kuhlwilm et al.，2016），那么，早在 10 万年前的尼安德特人就应该拥有语言能力，甚至不排除两者的共同祖先海得堡人也具有语言能力（Dediu & Levinson，2013：7）。如果说只有晚期的现代人类在最近走出非洲之前——即不足 10 万年前（Tattersall，2018；Chomsky，2017）——才具有语言能力，那么，鉴于晚期现代人类在最近走出非洲之后也与尼安德特人存在基因交流（Fu et al.，2014，2015），至少可以推断，在这一时期与现代人类杂交的尼安德特人具有语言能力。

# 第六章　语言的基本特征

在所有现存的物种中,语言无疑是人类独有的特征。那么,语言究竟具有什么样的特征呢? 在语言进化研究中应该采取什么样的视角呢? Hauser, Chomsky & Fitch(2002)在《科学》杂志第 298 卷发表了一篇论文——《语言机能:它是什么,谁拥有,它是如何进化的?》。在文中,他们认为语言不是一个单一系统,采取单一系统观不利于探究人类的独特性以及人类与其他动物的共性,因而,不是探索语言进化所应该持有的方法。为此,他们将语言机能(faculty of language)划分为语言广义机能(faculty of language in broad sense,FLB)和语言狭义机能(faculty of language in narrow sense,FLN)。FLB 包括感觉运动系统、概念意向系统和递归(recursive)运算系统,而FLN 则只包括递归运算系统,被视为语言机能中人类独有的成分,其功能是"利用有限元素产生无限表达",即离散无限性。而且,他们认为 FLN 可能源于动物关于数字、导航、社会关系等方面的认知,并非为交际而进化。上述观点在 Berwick & Chomsky(2016)的研究中得到了进一步强调和细化。为了弄清"什么是语言"这一问题,我们不妨以 Chomsky 及其合作者

的观点(Berwick et al.,2016；Chomsky,2017)为出发点,予以述评,继而讨论涉及的两个相互关联的问题,包括递归运算(也称为合并运算)和语言的普遍特征,最后,提出并论证语言的基本结构特征是线性序列结构,阐明该基本结构对语言进化的启示。

# 第一节　语言的"三个系统"观

承袭了 Hauser,Chomsky & Fitch(2002)坚持的"语言不是一个单一系统"的观点,Berwick & Chomsky(2016)对语言机能采用了分解的方法,认为语言基本特征包括 3 个系统:(1)作为语言核心的合并运算系统(merge);(2)负责语言外化(externalization)的感觉运动系统;(3)用于推理、理解、计划、行为组织的概念系统。在这 3 个系统中,合并运算系统是核心,它与其他两个系统连接,在概念系统界面产生无限结构表达,获得确定解析,在感觉运动系统界面获得外化,产生音—义关联(Chomsky,2017)。

Berwick & Chomsky 强调语言进化(language evolution)和语言变化(language change)的区别,他们认为合并运算是语言进化研究的焦点,是语言真正发生进化的成分,为此,他们认为有必要告诫一些学者,以免混淆语言进化和语言变化这两个概念:

不幸的是,有时候存在一种倾向,把真正的进化(基因)变化与历史变化这两个完全不同的现象混淆。正如已经指出的那样,有确凿的证据表明,从大约6万年前人类走出非洲的时候起,语言机能(faculty of language)没有发生相关的进化,尽管毫无疑问发生了许多变化,甚至是外化模式(如手语)的创新……用更加确切的话来说,语言机能的产生涉及语言进化,而历史变化(一直持续)不涉及语言进化……如果这些假设是正确的,那么,外化可能根本没有发生进化……(Berwick et al.,2016:83)

——笔者译

很显然,Berwick & Chomsky(2016)这里所说的"语言机能"指的是 Hauser,Chomsky & Fitch(2002)提出的语言狭义机能(FLN),即句法递归,"递归可以归纳为合并"(Berwick et al.,2016:71)。

那么,什么是合并运算?它是如何操作的呢?Berwick & Chomsky(2016:72-74)以"guess what John is eating"为例进行了说明。在外化的位置上,"what"位于"John"之前,而理解时则位于"eating"之后。也就是说,合并操作能够产生语言的移位特征,即,词组的外化表达处于 P1 位置,而其理解却处于 P2 位置。合并操作具体有两种方式:外在合并(external merge)和内在合并(internal merge)。如果用 X,Y 表示两个给定的句法对象,由于 X,Y 的关系有两种可能——X 和 Y 相互独立，或者一个是另一个的组成部分，所以，要构建更长的表达，就存在两种可能性：第一，如果 X 和 Y 相互独立，则采用外在合并；第二，如果 X 和 Y 中，一个是另一个的组成部分，则采用内在合并。假如 Y＝what，而 X＝John is eating what，那么，Y 就是 X 的一部分，于是，通过内在合并就会产生"what John is eating what"。若再给定一个新的句法对象 Y＝guess，那么，Y 将和此时已有的 X＝what John is eating what 通过外在合并而产生"guess what John is eating what"。此时，"what"出现于两个位置上，只是语义理解的要求。实际表达中"what"出现在一个位置上是为了外化过程的运算效率。虽然这对于理解无疑增加了负担，产生了运算效率和理解效率的矛盾，但语言普遍将运算效率放在首位。

在强调合并运算系统是语言的核心成分之后，针对该运算系统是如何产生的这一问题，Berwick & Chomsky（2016）认为是突然产生的，是基因突变所致，而不是自然选择的结果，并明确表示他们的语言进化观与达尔文的进化论互不相容。具体而言，合并运算系统的产生是基因调节元件"增强子"变化的结果。增强子是 DNA 的小片段，离编码蛋白质的基因起点的上下游有一定距离，其本身不编码任何蛋白质，也被称为非编码性 DNA，它们与其他元素一起通过曲折方式与起点接触而启动 DNA 转录（Berwick et al.，2016：43-44）。他们明确表示（Berwick et al.，2016：70），除非出现相反的证据，否则，他们采纳最简假设——生成程序（即合并运算系统）是由于基因微变而突然出现的。至于基因何时发生微变而导致合并运算系统的产生,他们认为合理的推测应该是在 8 万年前左右,因为从大约 6 万年前人类祖先走出非洲之后,语言没有再发生进化,只有语言变化(Berwick et al.,2016:92)。合并运算被视为语言的核心特征,而且,其产生被认为是进化史上最近基因突变所致,因此,在此之前不存在语言,也没有所谓的原型语言(protolanguages)(Berwick et al.,2016:72)。

Berwick & Chomsky 认为,合并运算在本质上是思维活动,因此,语言的本质是思维,不是交际适应(adaptation to communication)。他们如是表述语言的思维本质:

> 我们称这种最佳操作为合并。只要提供词汇概念原子,合并操作就可以无限反复地产生无限数码式的层次结构表达。如果这些表达能在概念系统界面获得系统解析,这就提供了一种"思维语言(language of thought)"。(Berwick et al.,2016:70)
>
> ——笔者译

语言的本质是思维,因此,语言和言语存在本质区别,言语只是语言外化过程的产物(手语也同样是语言外化的产物),外化过程只是次要的,不属于语言进化范畴,只属于语言变化范畴。Chomsky 及其合作者认为,语言的外化形式具有交际功能,并非表示语言为交际而进化,并以骨头为例指出:"骨头支撑身体,使得我们能够站立和行走,这是事实,但是,骨头也是钙和骨髓的储藏库,产生新的血红细胞,因此,骨头在某种意义

上也是循环系统的一部分。"(Berwick et al.，2016：63)换言之，依据某个生物特征来推断其功能或目的是很困难且不可靠的。

概言之，Chomsky 及其合作者认为，语言的本质是思维，思维层次结构化的工具是合并运算，合并运算系统是语言真正发生进化的成分，其产生具有偶然性和突然性，是基因调节元件微变所致，发生于约 8 万年前，语言在感觉运动系统界面的外化则属于语言变化，而非语言进化范畴。

# 第二节 递归

语言学文献中对递归的定义比较模糊；递归可以细分为尾部递归和中心递归。我们以 Christiansen & Chater(2015：3)所举的两个例句加以说明：

① The mouse bit the cat that chased the dog that ran away.（尾部递归）

② The dog that the cat that the mouse bit chased ran away.（中心递归）

这两个句子表达的语义内容几乎相同，但是，理解的难度却并不相同。句①属于尾部递归，对理解并没有造成多大困难；而句②涉及两层中心内嵌(embededness)，并不容易理解。事实上，对多种语言(包括丹麦语、英语、芬兰语、法语、德语、拉丁语及瑞典语)的语料库的分析(Karlsson，2007)表明，双重中心内嵌的句子(即双重中心递归)在口语中几乎不存在。因此,对于认为中心递归是语法内在特征的学者而言,面临的一个根本问题就是,一方面,语法在原则上可以产生无限中心递归的句子,而另一方面,这样的句子根本无法理解,而且,超过一层中心递归的句子几乎不存在。Chomsky(1965)提出的解决方案是,存在无限语言能力和有限的心理语言行为之间的区别,有限的心理语言行为主要受记忆、注意广度、注意力集中度,以及其他加工因素的制约。

但是,Christiansen & Chater(2015:3)认为,自然言语中缺乏复杂中心递归现象不能以制约行为的因素来加以解释,换言之,真正需要解释的是可以观察到的人类加工递归结构的能力,而不应该将递归假设为语法的内在特征,因为递归因语言而异,因个人及其发展而异。首先,中心递归不是语言的普遍特征(Evans et al.,2009a,2009b),而且,不同语言的递归结构不同(Mithun,2010)。例如,Bininj Gun-wok语无句法递归,只有形态递归(一个词内嵌于另一个词),且内嵌层次最多允许一层;Kayardild语虽有句法递归,但因受间接格限制,只限于一层;Pirahã语则不允许任何形式的递归(姚岚,2013:360)。而且,即使允许句法递归的语言(如英语、德语、日语、波斯语、西班牙语),递归结构的加工难度也有差异(Hawkins,1994;Hoover,1992)。此外,递归结构的加工能力也是随着个人的语言经历而渐进发展的。例如,通过训练可以提升3—4岁儿童(Roth,1984)和成年人(Wells et al.,2009)理解单个中心内嵌的关系从句(relative clauses)。教育水平也与复杂中心递归结构的理解能力密切相关(Dabrowska,1997)。由此可见,中心递归不是语言的普遍特征,不同语言的递归结构不尽相同,理解难度也不尽相同,而且,递归结构的理解能力存在个体之间的差异,会随着个体语言经验而逐渐发展。那么,中心递归是不是语言独有的特征呢? Jackendoff & Pinker(2005:218)和 Parker(2006:242)分别以视觉图形和音乐给予了否定。

如果中心递归既不是语言的普遍特征,也不是语言的独有特征,那么,它是不是人类独有的特征呢? 近年来,在有关人类与其他动物的对比试验中,测试递归能力的依据是能否判断两类不同的声音序列,即,$(AB)^n$ 和 $A^nB^n$。$(AB)^n$ 被视为限定状态语法(finite state grammar,FSG)的表现形式;$A^nB^n$ 则是词组结构语法(phrase structure grammar,PSG)或语境自由语法(context-free grammar,CFG)的表现形式(Fitch et al.,2004;Gentner et al.,2006)。Fitch & Hauser(2004)对小绢猴进行测试,旨在探究小绢猴能否理解音串的语法性质,因为已有研究表明,小绢猴能够根据节奏特征成功鉴别由辅音—元音(CV)音节组成的无意义的语流。但是,这种语流究竟属于限定状态语法(FSG)还是词组结构语法(PSG),尚未知晓。FSG不足以产生人类语言的所有结构,因为所有语言至少要求能够产生层次结构和远距离依存关系的PSG。基于上述目的,他们首先选取了两类音节 A 和 B;每一类包括 8 个不同的 CV 音节,即 A1(C1V1),…,A8(C8V8)和 B1(c1v1),…,B8(c8v8)。A,B两类音节划分的依据是,无论是人类还是猴子,都能够根据音高、语音同一性、平均共振峰频率等特征区分两

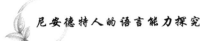
类音节。然后,根据 FSG 的 $(AB)^n$ 和 PSG 的 $A^nB^n$($n=2$ 或 3)分别组构出 64 个音串。同时,将 20 只小绢猴分成甲、乙两组,每组 10 只。对于甲组小绢猴,在 20 分钟时间里让它们熟悉符合 FSG 语法的 64 个音串中的 60 个;对于乙组小绢猴,在 20 分钟时间里让它们熟悉符合 PSG 语法的 64 个音串中的 60 个。熟悉阶段过后,让甲组小绢猴试听符合 FSG 剩余的 4 个音串和另外 4 个违反 FSG 但符合 PSG 的音串,让乙组小绢猴试听符合 PSG 剩余的 4 个音串和另外 4 个违反 PSG 但符合 FSG 的音串,并监视每组小绢猴的反应。结果显示,对于甲组而言,关注违反 FSG 的 4 个音串,无论在关注次数的比例上还是小绢猴数量的比例上,都远远高于关注符合 FSG 的 4 个音串。而乙组对违反 PSG 的 4 个音串的关注比例却低于对符合 PSG 的 4 个音串的关注比例。于是,得出实验结论:小绢猴能够解析的音串只是在 FSG 层面上,而不是在 PSG 层面上,即无法习得中心内嵌结构 $A^nB^n$。

Gentner 等人(2006)为了探究产生中心递归结构是不是人类独有的能力,选择了欧洲椋鸟作为实验对象。首先,实验选取了欧洲椋鸟能够产生的两类音旨(motifs):rattle 和 warble,每类 8 个,分别构成集合 A 和 B。并根据 FSG/$(AB)^n$ 和 CFG/$A^nB^n$ 两种语法,限 $n=2$,组构所有可能的 $(AB)^2$ 和 $A^2B^2$,用其中部分音串对 11 只椋鸟进行强化训练。结果,9 只椋鸟成功区分 $(AB)^2$ 和 $A^2B^2$ 音串。为了弄清椋鸟的鉴别能力是否属机械记忆,研究人员选取最先稳定区分两类音串的 4 只椋鸟,给它们呈现 16 个新音串,符合 $(AB)^2$ 和 $A^2B^2$ 的各 8

个。结果椋鸟成功区分了这 16 个分属两类语法的新音串。因此，排除机械记忆的可能性。同时，为了排除另一种可能性，即椋鸟习得的只是 FSG，而把 CFG 音串视为一类不同的音串，实验还组构了与两类语法皆不相符的四类音串（AAAA，BBBB，ABBA，BAAB），每类 4 个。给之前的 4 只椋鸟呈现这四类音串和新的 $(AB)^2$ 和 $A^2B^2$ 音串，结果，4 只椋鸟对 $(AB)^2$、3 只椋鸟对 $A^2B^2$ 的反应比例远高于对上述四类异常音串的反应。另外，实验将 n 扩展至 3 和 4，构建出 $(AB)^3$，$A^3B^3$ 和 $(AB)^4$ 和 $A^4B^4$，结果椋鸟同样成功地予以区分。这表明了椋鸟的概括推广能力。因此，实验结论认为，识别中心递归语法的能力不是人类独有的能力。为什么两项实验会得出不同的结果——小绢猴失败而欧洲椋鸟成功呢？Marcus(2006)认为可能是实验方法不同所致，因为 Fitch & Hauser(2004)给小绢猴展示 $(AB)^n$ 和 $A^nB^n$ 不同声音序列的时间较短，旨在检验小绢猴能否自发获得 $A^nB^n$，而 Gentner 等人(2006)给欧洲椋鸟呈现不同声音序列的时间很长，而且，对积极的反馈给予强化。因此，"小绢猴表面缺乏识别 $A^nB^n$ 结构的能力究竟是具体情景所致还是绝对的事实，只能依赖进一步的实验来澄清"(Marcus,2006：1117)。而且，人类获得和运用 $A^nB^n$ 递归能力的方式和欧洲椋鸟存在显著区别：人类获得这种能力的速度快且无须强化；欧洲椋鸟虽然能将这种能力扩展到新的声音序列，但这些新的序列仍然由椋鸟熟悉的声音组成(Marcus，2006：1118)。Corballis(2007)也对欧洲椋鸟的中心递归能力持怀疑态度，认为要证明鸟类理解 $A^nB^n$，前提是鸟类不仅仅能

够区分 $A^n B^n$ 和其他不同类型的声音序列,而且,能够由外向内把 $A^1 A^2 A^3 B^3 B^2 B^1$ 这种序列中的 $A^1 B^1$,$A^2 B^2$,$A^3 B^3$ 理解为匹配的组合,然而,这种能力还没有在非人类动物身上证实,甚至对于人类本身而言,理解 $A^n B^n$ 也并非易事。

关于其他动物能否加工 $A^n B^n$ 的实验很多,但迄今没有获得一致的结论。一些关于区别 XYX 和 XYY(如 gatiga 和 gatiti)音序的实验显示,人类幼儿能够抽象出潜在的规律并扩展至新音节构成的音序,同样,猕猴、孟加拉雀、斑胸草雀、虎皮鹦鹉和老鼠也能区别 XYX 和 XYY 音序(参见 Ten Cate,2017),其中有的实验甚至声称老鼠能够抽象出规则并应用于新音节构成的音序(Murphy et al.,2008)。Corballis(2009)对老鼠的这种能力提出质疑,认为实验结果可以通过受训的音序和测试的音序之间低层次的相似性加以解释。Spierings & Ten Cate(2016)做了斑胸草雀和虎皮鹦鹉的比较实验,实验结果显示,两者都能够区别 XYX 和 XXY,能够识别已熟悉的音进行的重组(novel arrangement of familiar sound)是否符合 XYX 或 XXY,但是,斑胸草雀却不能判别新的音符构成的音序是否符合 XYX 或 XXY,而虎皮鹦鹉却能,其表现与 Marcus 等人(1999)实验中人类幼儿的表现类似,能够将受训音序的潜在结构推广至新的音符构成的音序中。

中心递归能力是否为人类独有,尚未有明确的答案。但是,Ten Cate(2017)表示,虽然人类儿童和成人很容易将 XYX 和 XXY 推广至新音符构成的音串,但是,有证据显示,如果能够依据局部相似性进行识别,那么,他们也倾向于这么做。换言之，人类并非总是把使用高级规律作为默认策略，有时候他们也会使用低级或局部性的规律，与动物采用的策略相似。既然人类能够根据情况选择不同策略，动物也不一定不能使用高级策略。也许，人类和动物的规则学习和抽象能力的差异并非十分巨大。"也许，动物真正的规则学习潜能没有被已有的实验揭示，研究人员面临的挑战是设计更好的实验来检验这些能力"（Ten Cate，2017：95）。Ten Cate（2017：95）建议将研究对象扩展到更多物种，如乌鸦和亚马孙鹦鹉，这些鸟类在工具使用、类比推理、发现听觉刺激的节奏等方面具有其他鸟类不可企及的认知能力。"如果这些物种或其他物种能被证明确实具有与人类在本质上相似的规则学习和抽象能力，那么，这将支持如下假设——语言独特性不是基于人类独有的某种加工机制"（Ten Cate，2017：95）。

涉及句法递归的一个重大问题就是，递归能力是如何产生的？是一次基因突变产生的吗？Chomsky 等人认为，在十几万年前不存在语言，语言是 6 万—10 万年前某种基因微变导致的，更准确地说，是基因微变导致了合并运算系统（即递归运算系统）的产生（Berwick et al.，2016）。他们认为这一期间的有关抽象符号性物品、艺术、数学等创造性思维的考古证据支持这种假设。然而，正如 Tallerman（2014：214）所言，根据考古记录推断语言机能产生的时间是徒劳的，而且，迄今并没有一致的观点认为考古记录为语言机能何时产生提供了充分的证据。以抽象符号性物品为例，一个群体没有遗留下丰富的这类物品也并非意味着这个群体没有语言能力。根据 Holdaway

& Cosgrove(1997)对澳洲塔斯马尼亚考古遗址发掘的研究,这些遗址只有十分简单的石器,没有抽象符号性手工制品,但是,这些遗址的曾经居民从解剖意义上而言则是现代人类,具有充分的语言能力。"很显然,该文化曾经可能拥有木制等手工制品,但没有保存下来(情况总是如此,证据的缺失并非证明不存在证据);这对于现代人类之前的文化,如海得堡人的文化,也同样适用。塔斯马尼亚的考古发现明确显示,我们不能仅仅依据考古记录中有无抽象符号性手工制品来寻找语言的确凿证据。"(Tallerman,2014:216)另一方面,McBrearty & Brooks(2000)基于非洲的考古发现指出,所谓4万—5万年前现代人类行为特征突然革新的观点忽视了非洲考古记录的广度和深度,事实上,所谓现代人类的特征,包括颜料的加工和使用、艺术及装饰等,可以追溯至二三十万年前的中石器时期,而且,由于发掘的物品并非如人类革新模式所预测的那样集中出现,而是在分布上存在时间和空间的间隔,因此,不支持基因突变论。Chomsky 等人的语言基因突变论主要受 Klein(2000,2008)观点的影响。Klein 一直认为某种基因的偶然突变导致现代人类大脑的产生,这种突变发生于大约5万年前的非洲,从而使得语言突然产生,于是,现代人类迅速扩散至欧亚大陆。然而,"即便是一种获得高度选择的基因突变,要扩散至一个群体都需要经历许多代才能实现,更不用说扩展至全球所有的群体"(Diller et al.,2013:256),因此,"认为一种单一基因最近的突变能够导致像语言或递归思维这样复杂的生物能力的产生,这是虚幻的想法"(Diller et al.,2013:246)。McMahon &

McMahon(2013：195)也指出,生物进化的典型特征是缓慢性和积累性,而不是急剧性和突然性,一种基因突变导致直接而急剧的变化从进化角度而言绝对是不可能的。

Christiansen & Chater(2015)否定递归结构的加工能力是天赋的语法特征,认为这种能力是通过学习获得的,来源于复杂序列的学习能力。有关非人类灵长目动物的实验显示,它们既能够学习类似电话号码的固定序列(Heimbauer et al.,2012),也能学习概率性序列(类似人类的统计学习)(Wilson et al.,2013),只是与人类相比,非人类灵长目动物在复杂的非言语递归序列学习上存在严重局限。为了验证递归结构加工能力源于序列学习能力并基于学习而获得,Reali & Christiansen(2009)运用联通主义模型(simple recurrent networks,SRNs)考察序列学习能力和自由语法(context-free grammar)加工能力,发现 SRNs 在经历 500 代"模拟生物进化"之后比第一代的序列加工能力显著提升,在经历不足 100 代之后自由语法的学习能力也显著提升。因此,他们认为语言的文化进化使得语言变得更容易学得。

不可否认,递归结构的加工和学习能力与大脑进化密不可分。回顾进化史,多次基因突变(而非一次基因突变)可能为这种能力奠定了基础。例如,600 万年前人类祖先与黑猩猩分离之时发生的 $PCDH11X/Y$ 基因配对的突变导致了大脑非对称性的进化,极大地改变了大脑神经的连接特征,对与语言神经基础相关的大脑进化起着关键作用(Priddle et al.,2013a,2013b),为人类 Broca 区的 BA44 左侧化及其与后颞皮层之间

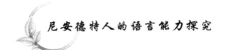

的背侧通路奠定了基础,而这对加工自然语言的句法起着关键作用(Friederici,2017)。此外,*GADD45G* 的一个增强子的删除、*SRGAP2* 的复制、*FOXP2* 两个氨基酸的置换、*HAR*1 的突变都是发生于尼安德特人与现代人类分离之前,这四起基因突变分别与脑形成、信号加工能力提升、交际能力提升、大脑皮层扩展相关(Somel et al. ,2013:113)。

涉及递归加工能力和尼安德特人的语言能力,有三个问题值得探讨。第一个问题是,缺乏递归加工能力是否必然意味着缺乏语言?Berwick & Chomsky(2016)的观点十分明确,即递归运算是语言产生的必要基础。他们认为在十几万年前某种基因突变尚未发生时,递归运算系统没有产生,也就不存在任何形式的语言。然而,从迄今为止已有研究的语言来看,南美洲的 Pirahã 语缺乏任何形式的递归结构(Everett,2005)。从儿童语言发展来看,在儿童语言出现复杂句法之前,经历了三个阶段(Bickerton,2014:194-200):一词阶段,两词阶段及电报式言语。儿童在这三个阶段的言语只是将单词加以组合,使语义变得更加复杂,但并无句法(Bickerton,2014;Ardila,2015),自然不存在句法递归。来自句法的神经机制研究也为之提供了证据。根据 Berwick 等人(Berwick et al. ,2013)和 Friederici(2017)的研究,支持核心句法运算的神经通路连接 BA44 和颞上皮层后部(posterior superior temporal cortex, pSTC)[经过弓状束(arcuate fascicle, AF)及部分上纵束(superior longitudinal fascicle,SLF)]。由于自然语言的句法加工涉及 BA44 和 pSTC,而人工语法加工只涉及 BA44,这说明 BA44 支持复杂层次结构构建,而要整合句法和语义信息以达到理解句子的程度,则必须获得 pSTC 支持。另一条通路连接前运动皮层(premotor cortex)和颞上皮层(STC)的听觉感觉区域,支持感觉—运动界面。这条通路在幼儿一出生就具有,其本身不足以加工依据人类语法构建的结构。与此相比,第一条背侧通路(BA44-pSTC)只有当儿童达到 7 岁时才会成熟(即能够加工复杂句法)(Berwick et al. ,2013)。由此可见,儿童一开始的言语缺乏句法,但仍旧是语言。

第二个问题是,从无句法的语言向有句法的语言过渡,基因突变是不是必要的条件呢? Luuk(2014)对自然语言的进化过程提出四个阶段的假设,并从适应的角度进行论证。这四个阶段包括:(1)最早的符号的产生;(2)符号数量的增加;(3)符号的自由连接(concatenation);(4)语法的产生。符号数量的增加是因为需要将概念之间的非对称关系予以概念化(conceptualization of asymmetric relations between concepts,CARC),即表达主次、修饰与被修饰等不对称关系。CARC 是自然语言产生的必要认知前提,"CARC 的适应性在于对客观世界的非对称关系进行概念化而提升个体规划行为的能力"(Luuk,2014:2)。符号之间的自由连接能够丰富表达内容,其之所以能够被理解,是因为有文化因素对语言理解的制约(cultural constraints on linguistic interpretation, CCLI)。也就是说,CCLI 是第三阶段的必要条件,其之所以存在,是因为较小群体中的成员彼此熟知,面临类似的环境,CCLI 施加的语用、逻辑和本体制约因素可以压缩个体理解这种无句法的、由

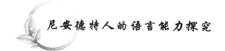

符号自由组合的语言,这就是CCLI的适应性。但是,CCLI施加的制约因素并非以语法或词汇形式体现,它对于语言明确无误的被理解所发挥的作用依然有限。"为了使得稳定性和共享性最大化,语言理解的制约因素必须外化。这正是句法进化的理据,导致了第三阶段向第四阶段的过渡"(Luuk,2014:6)。De Vos(2014)也否定句法是基因突变而瞬间产生的,他认为语言一开始表现为单词和词库的扩展,但是,随着词汇量的增加和长时记忆负荷增加,词库所储存的知识必须结构化,以减少记忆负担并提升提取和理解的效率。换言之,在词库扩展的过程中,其本身就朝着结构化的方向发展,为句法(包括递归)奠定基础。De Vos(2014)提出词库扩展过程涉及的四个结构化阶段,运用规范化理论(Normalization Theory)为词库结构化的第四个阶段自然产生句法提供了合理的证据。换句话说,句法是词库扩展过程中其自身结构化的附带产物,"在增加词汇的选择压力驱动下,词库达到最佳化,免费为我们提供了句法"(De Vos,2014:37)。

第三个问题是,尼安德特人有无句法能力,其中是否包括递归运算?虽然迄今为止的研究没有在现代人类与尼安德特人的分离时间上获得一致的数据,如:(1)37万年前(Noonan et al.,2006);(2)40万—80万年前(Langergraber et al.,2012);(3)27万—44万年前(Green et al.,2010);(4)55.3万—58.9万年前或55万—76.5万年前(Prüfer et al.,2014)。但是,即便以Green等人(2010)的下限27万年前为基准,考虑到尼安德特人的消亡在3万年前左右,因此,尼安德特人进化时间也经历了 24 万年。如果按照 20 年生育下一代计算，那么，24 万年时间早已跨越了上万代。更何况，根据 Rogers，Bohlender & Huff(2017)基于 DNA 测序数据的最新统计分析结果，尼安德特人与丹尼索瓦人早在 74.4 万年前就发生了分离，也就是说，尼安德特人和丹尼索瓦人的祖先与现代人类分离得时间更早。因此，依据 Reali & Christiansen(2009)联通主义模型的运算结果(即 SRNs 在经历不足 100 代之后，自由语法学习能力显著提升)，尼安德特人在消亡之前(约 3 万年前)完全可能具有自由语法加工能力，也就是递归运算能力。

## 第三节　语言普遍特征

世界上现存的语言为 5000—8000 种(Evans et al.，2009a：432)，有些语言早已消亡。那么，众多的人类语言是否存在共同的特征呢？Chomsky 及其合作者(如 Hauser et al.，2002；Fitch et al.，2005；Berwick et al.，2016)的回答是肯定的，而且，他们认为语言的普遍特征就是句法递归运算。然而，如前文所述，句法递归并非所有语言共同具有的特征。澳洲的 Bininj Gun-wok 语无句法递归，只有形态递归(即一个词内嵌于另一个词)，且内嵌层次最多允许一层；巴西的 Pirahā 语则不允许任何形式的递归(Evans & Levinson，2009a；姚岚，2013)。

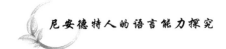

也有一些学者虽然坚持语言存在普遍特征,但是,他们关注的不是句法递归,而是语言的其他方面。Baker(2009)认为动宾约束(verb-object constraint,VOC)是语言的普遍特征,因为语言表达事件时,总是动词和"受事"先组合,再与"施事"等成分组合,相当于[主+[动+宾]],与主、动、宾顺序无关。但是,这种分析似乎以生成语法的成分分析为前提,而且分析标准具有任意性(姚岚,2013:361)。成分分析法并非句子分析的唯一正确的方法。比如,给定这样一个句子:Sentences can be analyzed as hierarchically structured。它既可以按照成分分析的方法分析为体现层次结构的[Sentences [can [be analyzed]] [as [hierarchically structured]]],也可以按照序列结构分析为[Sentences] [can be analyzed] [as hierarchically structured],而且,序列结构分析比层次结构分析更简单(Frank,Bod & Christiansen,2012:4522)。不仅成分分析不是唯一正确的分析方法,Baker(2009)的分析标准也存在问题。按照 Baker(2009:449)的分析标准,Kayardild 语中与动词相关的成分都带上动词的时态标记,且该成分只限于"受事"。但是,如果我们以动词的单复数为标准,岂不可以说英语中"主+动"先组合吗?而且,即使根据 Baker(2009:449)的说法,即"'动+主+宾'的语言中,至少有许多没有违反 VOC,VOC 对于 90%以上的语言是有效的",这显然无法断定 VOC 是普遍特征(姚岚,2013:361)。

Nevins(2009)认为辅音+元音构成的音节(即 CV 音节)是语言普遍特征。Evans & Levinson(2009a:433-434)以澳洲

的 Arrernte 语为例指出，该语言的音节遵循的是 VC 结构，不允许辅音置于首位。但是，Nevins(2009)则认为该语言的 VC 音节只不过是起始辅音为短音的缘故。Evans & Levinson (2009b：482)回应指出，Arrernte 语的音节划分难度涉及如何把词孤立出来，采用 VC 音节分析法可以确保一个词的音节数量保持不变，而且能够为音素转换提供最大限度的暗示信息。

另外一些学者把普遍倾向性视为语言普遍特征。Berent (2009)把/bl/ ＞ /bn/ ＞ /bd/ ＞ /lb/这种音素组合由高到低的可能性归因于音素响亮程度的制约，即，/l/ ＞ /n/ ＞ /b, d/。响亮程度由低向高的组合(/bl/, /bn/)最受青睐。响亮程度的制约被视为潜在普遍特征。Haspelmath(2009)接受有条件普遍特征(如假如一种语言有/θ/音，那么，它也有/s/音)，并以加工努力的大小来解释，/θ/比/s/所需的加工努力更大，更大蕴含更小。Pinker & Jackendoff(2009)则把普遍特征等同于语言学习能力(相当于语言的建筑工具，不是建筑材料)，认为语言学习能力与基因进化相关。但问题是人类的普遍倾向性等同于语言的普遍特征吗？人类进化体现的各种倾向性或与认知、交际功能、文化历史等相关(Evans et al.，2009a：446)。语言基因不可能存在，原因是促使基因变化的鲍德温效应(Baldwin effect)只能在稳定的环境中产生，而语言作为文化习俗，其变化速度比基因更快，这使得语言像"移动的靶子"，不可能通过自然选择而形成语言基因(Christiansen et al.，2008)。

Harbour(2009)则以相同化学元素的不同组合产生性质迥异的物质作为类比基础，坚持认为名词的数是语言普遍特

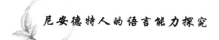

征。他认为两个基本要素(即两个包含对立特征的集合[±atomic]和[±augmented])是描述数的普遍特征的基础。[±atomic]表示数是否具有原子特征。比如,单数指一个实体,具有[＋atomic],而双数和复数涉及不止一个实体,因此,具有[－atomic]。[±augmented]表示数是否具有可增特征,即一个集合的子集与该集合是否具有相同性质。因此,复数具有[＋augmented],双数具有[－augmented],单数具有[－augmented]。于是,单、双、复数可以分别描述为:[＋atomic,－augmented];[－atomic,－augmented];[－atomic,＋augmented]。据此,Harbour描述了两个关于数的普遍特征:(1)任何一种语言,若不用数词,则语法上能够表达的最大数为 3;(2)有双数的语言必有单数、复数,因为双数所需的[±atomic]和[±augmented]可以产生单、复数;有三数(trial)的语言必有单数、双数、复数。然而,如 Goldberg(2009)所言,把语言普遍特征与化学类比,在很大程度上是本质主义产物,而生命科学和社会科学已超越本质主义,语言中常见的形式应该以各种理据的相互作用来解释。即使按照 Harbour 的逻辑,也能看出其中的缺陷。对于[±atomic]和[±augmented]两个要素,有的语言使用其中一个,有的语言使用两个(Harbour,2009:457),那怎么能够断言这两个要素是普遍特征的基础呢? 针对第二个普遍特征所谓的双数所需的[±atomic]和[±augmented]可以产生单数、复数,事实上,双数并非需要[±atomic]和[±augmented]所有这些特征,因为双数＝[－atomic,－augmented],那么,[－atomic]和[－augmented]如何产生单数、复数(姚岚,2013:362)?

Rizzi(2009)和 Smolensky & Dupoux(2009)把 wh-位移规则视为语言普遍特征。Rizzi 认为疑问句中特殊疑问词的提取遵循论元疑问词(如 who/what/which)优先于附属疑问词(如 why/how/where)的不对称原则,依此,"Which problem don't you know how to solve?"合法,而"How don't you know which problem to solve?"不合法。他以汉语为例指出,汉语表面上与英语不同,但事实上也遵循上述原则。以汉语句子"阿 Q 想知道我们为什么解雇了谁呢?"为例,Rizzi(2009:467)认为该句子在理解层面上相当于"Who is the person X such that Akiu wonders"(why we fired person X),而不是"What is the reason X such that Akiu wonders"(whom we fired for reason X)。然而,事实上,该汉语句子强调的焦点由语境决定,我们关注的焦点完全可以是"为什么",而将"谁"理解为"某人(相当于 someone)"(姚岚,2013:363)。Smolensky & Dupoux(2009:468)也基于英汉比较指出,虽然英语特殊疑问词前置而汉语无此现象,但都牵涉位移,只是英语涉及显性位移,留下明显空位,而汉语涉及隐性位移,留下隐性空位。然而,这种解释是任意的,无任何理据表明汉语儿童会推断该抽象位移规则的存在(Evans et al.,2009b:482-483)。事实上,汉语根本不存在特殊疑问词位移的情况。无论是"你看见了谁?"还是"谁看见了你?","谁"都没有发生位移现象。

Tallerman(2009)试图论证成分结构(constituent structure)是语言的普遍特征。虽然 Evans & Levinson(2009a:440-441)否定成分结构是语言普遍特征,并以拉丁语

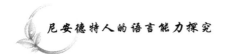

和 Thalanyji 语为例指出这些语言体现自由词序,词和词之间的联系是借助如"格标记"手段建立起的依存关系而实现的,但是,Tallerman(2009)认为不能把自由词序和依存关系相提并论而否定成分结构。例如,Evans & Levinson(2009a:440-441)对 Thalanyji 语中等价于英语"The child chases the woman's dog"的句子分析如下:

Kupuju-lu kaparla-nha yanga-lkin wartirra-ku-nha

child-ERG dog-ACC chase-PRES woman-DAT-ACC

很明显,Thalanyji 语中的这个句子体现自由词序,而词与词之间的关系通过格标记联系起来,例如,"kaparla(狗)"与"wartirra(女人)"是通过它们后面的宾格(nha)标记表示它们都充当宾语,而且"wartirra(女人)"后面的与格(ku)进一步表示"wartirra"与"kaparla"的领属关系。但是,Tallerman(2009)则以英语中也有依存关系(如Which girl did you say he gave the books to Ø?)为由认为依存关系不是否定成分结构的依据。然而,Tallerman(2009)忽视的要点是,Evans & Levinson(2009a)所指的依存关系是基于格标记的完全自由词序,而 Tallerman(2009)所举的英语例句反映的依存关系则受到严格的句法规则制约(姚岚,2013:363)。

事实上,Evans & Levinson(2009a:433-443)从音素、音节、形态、词类、语义和句法等不同层面揭示了语言的多样性,而且,提供了令人信服的证据。

从音素层面而言,普遍特征假设认为所有自然语言的音素系统都是从一个有限集合中提取不同参数而组成的。然而,声

人的手语也是自然语言,但没有音素系统,更不符合"所有自然语言都有口头元音"之说。

就音节而言,如前所述,虽然 CV 音节一直被视为普遍特征,但是,Arrernte 语的音节则遵循 VC 结构,不允许辅音置于首位。

从形态而言,与分析性语言(如英语)相比,汉语等孤立语既无人称、数、时、体等屈折变化,也没有词的派生过程,而多式综合语(如 Cayuga 语)甚至能将整个英语句子压缩为一个单词。

从词类而言,虽然名词、动词、形容词和副词通常被视为普遍的四大词类,但是,有些语言缺乏副词,有些缺乏形容词,甚至有的语言名词和动词难以区分(如 Salish 语)。如 Croft(2009)所言,名词和动词分类在理论和跨语言视角上是无效的,因为词在语法构式中的分布具有高度可变性。另外,某些语言具有特殊词类(如状貌词、位置词、副动词、量词),难以纳入印欧语言词类范畴。虽然 Pesetsky(2009)反对 Evans & Levinson(2009a:434-435)把状貌词和位置词视为独立词类,认为他们引用的文献虽然提及状貌词,但未论及其句法,并指出位置词至少在 Mam 等玛雅语言中未成为独立词类,只用于派生词类,但是,Evans & Levinson(2009b:481)在回复中提供了证据,认为确实存在这样的语言(如 Semelai 语),其状貌词的句法分布类似于直接引语的补语,虽然位置词在有些语言中以粘着词根形式存在,但是,在另一些语言中(如 Yélî Dnye 语)则以自由形式体现独有的分布特征。

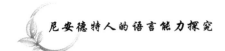

从语义而言,不同语言的语法和词汇编码的概念大相径庭。例如,Kiowa 语无名词复数标记,却有一个表示不定数目的标记。该标记用于"人"等动物名词时,表示 2 或 2 个以上;用于"腿"时,则表示 1 或 2 个以上;用于"石头"时,则表示只有 2 个。而 Athabaskan 语的动词选择必须与物体的性状(如流体、绳状物)相关。

从句法而言,Evans & Levinson(2009a:440-443)关注三个句法特征:语法关系中的主语、成分结构和句法递归。虽然句子话题、语义施事和句法中心(pivot)通常相互吻合,主语成为整合三者的有效概念,但是,在许多语言中三者分离,主语成为空洞概念。例如,Dyirbal 语不是把施事作为句法中心,而是把受事突出为句法中心。英语句子"The woman slapped the man and Ø laughed"中的空位"Ø"与施事"the woman"联系起来,而 Dyirbal 语则把空位"Ø"与受事"the man"联系起来。若幼儿天生就有领悟普遍语法的能力,期待的是主语,那么,面对 Dyirbal 语,他们肯定会误入歧途。成分结构体现的是语言单位由小到大的组合层次。如前所述,有些语言(如 Thalanyji 语)则体现自由词序,单词之间的联系依靠的是格标记,体现的是基于格标记的依存结构。对于这类语言,成分结构既不是其形式特征,也不是言语者的心理现实,因为人们重复话语时很少会遵循原句词序。至于句法递归,已有证据显示,Bininj Gun-wok 语没有句法递归,只有形态递归,即一个词内嵌于另一个词,且内嵌层次最多允许一层,Kayardild 语虽有句法递归,但因受到间接格限制,只限于一层,而 Pirahã 语则没有任

何形式的递归。而且,无论形式递归还是句法递归,一层递归可以由限定状态语法(而非词组结构语法)来实现。

由此可见,语言在多个层面都体现出多样性和差异性。最为重要的是,递归句法并非语言的普遍特征,而且,即便是一层句法递归,也可以通过限定状态语法来实现,这就暗示在现代人类产生之前,完全可能存在某种形式的语言,甚至是含有递归结构的语言,因为某些灵长目动物已经能够掌握限定状态语法。那么,语言究竟是否存在普遍特征呢?

## 第四节 线性序列结构

与句法递归密切相关的就是成分结构,换言之,认同句法递归是语言本质特征的学者就会接受成分结构这一概念,认为成分结构是语言最基本的结构,即句子是自下而上先由单词组合成词组、再由词组组合而构成的,典型地体现出层次结构(hierarchical structure)。生成语法就是典型的代表。例如,依据成分结构是句子最基本结构特征的观点,"The woman behind the man is my sister"这个句子可以分析为[[[The [woman]] [behind [the [man]]]] [is [my [sister]]]]。尽管成分结构分析法被广泛采纳,但是,这种分析法是不是唯一正确的方法,一直受到质疑。相反,有学者认为,序列结构被认为是语言的最基本结构特征,而成分结构只不过是序列结构衍生的产物(Bybee,2002;Frank,Bod et al.,2012)。语言学、认知

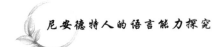

神经科学、心理学、语言习得运算模型等领域的研究都为这种观点提供了有力的证据。

Bybee(2002：111)认为,成分结构的层次特征派生于共现(co-occurrence)频率高的单词构成的序列结构,单词共现的频率越高,就越可能形成内在关系更紧密的成分结构。以名词"puppy"为例,该名词与其前面的限定词(如 the)共现的频率非常高,但与其后面的动词(如 ran, licked, slept)的共现频率则低得多。这也正是成分结构分析法把"The puppy ran"这个句子中的"The puppy"视为一个成分,而不把"puppy ran"视为一个成分的原因所在。换句话说,就方向性而言,不是因为某些单词处于同一个成分中决定了它们共现的高频率,而是因为成分来源于单词共现的高频率。简言之,先有单词共现的高频率,后有成分结构。Bybee(2002：116-117)基于 Switchboard 语料库对 11 个名词(husband, mother, computer, movie, school, car, house, money, idea, class, problem)前后的停顿(pause)频率和前后共现单词的频率的分析结果也验证了基于共现的序列结构是成分结构的基础。这 11 个名词与其前面单词之间出现停顿现象所占比率只有 1％,而与其后面出现单词之间出现停顿现象则占 34％,说明这 11 个名词与其前出现的单词联系密切,暗示构成同一个成分的倾向增强;而与其后出现的单词联系松散,暗示构成同一个成分的倾向十分微弱。也就是说,"X ＋ N(名词)"比"N ＋ X"更倾向于构成同一个成分。这 11 个名词前面出现频率最高的 3 个单词分别是"the""my""a",所占比例分别为 17％,12％和 10％,而这 11 个名词

后面出现频率最高的单词分别是"and""that""is",但是,所占的比率分别只有 7％,4％和 3％。这进一步证明了所谓成分结构来源于单词共现的序列结构。

英语中助动词的缩略现象也为单词共现的序列结构是最基本结构的观点提供了证据,因为这种现象是成分结构所不能解释的。在英语中,助动词与前面名词(尤其是代词)组合时,助动词缩略现象非常普遍,如"I'm""I'd""I've""I'll""he's""he'll""he'd"等。Krug(1998)发现,助动词缩略现象出现于组合频率最高的序列中,而"I'm"则成为其中之首。Bybee(2002:125)以英语助动词"will"及其缩略形式"'ll"为例,提出了这样的问题:"will"也会直接位于动词之前,按照成分结构的观点,助动词应该属于 VP 而不属于 NP,为何"will"不与其后面的动词融合而发生缩略现象呢? 为此,Bybee(2002:125)基于Switchboard 语料库对"will"及其缩略形式的前后单词所出现的频率进行了统计,发现其前面出现代词的频率总体高于其后面出现动词的频率。例如,"will"及其缩略形式与"I"共现的频率几乎是其与"be"共现频率的两倍。也就是说,共现频率越高,越可能发生助动词与共现的词之间的融合而产生助动词缩略现象。这从另一个侧面证明了成分结构的任意性。

坚持成分结构的学者通常以非连续性依存关系(discontinuous dependency)作为证据,来否定线性序列结构是语言的基本特征。非连续性依存关系的典型代表就是"动词＋小品词"的组合,在两者之间可以插入代词或简短的 NP,如"look it up""look the number up"。但是,在这种组合中插入

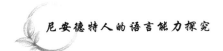
其他元素并不能否定这种组合所含元素之间关系的线性序列性质。当"look the number"出现时,第二个元素"up"也在可预测的范围之内,这就如同我们听到一个人脱下一只鞋子时,期待听到脱下另一只鞋子是同样的道理(Bybee,2002:128)。况且,这种组合是否允许插入另一个元素,其实是受到该插入元素的音节数量的限制的。无论是在口语还是在书面语中,该插入元素超过 5 个音节的情况几乎不存在(Chen,1986)。比如,"I need to look the number that I lost up"在话语中非常罕见,甚至不存在(Bybee,2002:128)。根据 Gomez(2001)的论述,18 个月大的幼儿能够学习由 2 个"伪词"构成的序列,而且,当在这个序列中间插入另一个"伪词"时,他们都能够识别原来的序列,这不仅表明了所谓非连续依存关系基于重复出现的线性序列结构,而且表明序列结构未必与语义关联,这说明语言序列结构的基本特征可能并非语言独有,而是源于领域通用的认知机制(domain-general cognitive mechanisms)。以开车为例,"驾驶车辆涉及许多自动序列,如倒车或前行,刹车减速或停车,打转向灯右转或左转。在经常行驶的路上,比如从家到办公室,这些行为模块以具体的方式组成序列,构成更大的成分,其本身可以达到自动化……整个序列的任何组成部分——刹车、加速、左转或右转——都可以无限重新组合,这样,就可以驶向任何想去的地方。对于有经验的司机,这种重新组合显得十分容易和流畅,正如操母语者重新组合达到自动化程度的语块表达他/她以前从未表达过的句子那样。因此,从行为自动化序列中产生的层次结构是一种领域通用的认知过程"

（Bybee，2002：123-124）。

认知神经科学研究也为序列结构是语言的基本特征这一观点提供了证据。Conway & Pisoni（2008）通过综述序列结构隐性学习的神经认知机制及其与语言加工关系的研究指出，语言加工和序列结构的学习在很大程度上都属于隐性学习，学习过程是无意识的、自动的，所获得的知识难以用言语明示。语言加工和序列学习有着共同的大脑神经基础，如额叶皮层、皮层下的基底神经节（basal ganglia）以及两者之间的许多神经通路。虽然这些神经机制总体而言负责对各种各样的序列进行加工，具有领域通用的性质，但是，它们也可能包含领域专用的子机制（sub-mechanisms），因为不同性质的刺激（如触觉、视觉和发声的刺激）组成的序列在这些神经机制的区域反应上还是会体现出一定的差异。尽管如此，就发声信号组成序列而言，它与言语加工还是有着相同的神经机制。

Christiansen，Conway & Onnis（2012）运用事件相关电位（ERPs）的实验方法，比较成年人加工不合语法的语句和结构缺乏一致性的复杂序列的学习。他们发现两种情况产生类似的 ERP 分量——ERP 正向偏移和 P600 效应，因此，语言的句法加工和结构化序列的学习可能拥有共同的神经机制。

大脑左半球的布洛克区一直被视为专门负责自然语言的语法层次结构加工（Grodzinsky，2000；Bahlmann et al.，2008），但是，Petersson，Folia & Hagoort（2012）的功能磁共振成像（fMRI）研究则获得了新的发现。他们对 32 名荷兰的大学生加工两类结构的情况进行比较；一类是线性序列结构，另

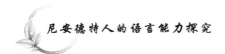

一类是自然语句（包括违反句法的句子）。他们发现，线性序列加工和自然语句加工都激活相同的大脑区域，即左额下皮层（BA44、BA45），而且，对于违反自然语言句法的语句，相同区域的激活程度更高。同时，内侧颞叶（medial temporal lobe）处于非激活状态，这表明隐性学习并非依赖于内侧颞叶负责的陈述性记忆机制。由此，Petersson 等人（2012）认为布洛克区并非专门负责加工句法的层次结构，而是负责通用的序列结构加工。

如果自然语言的句法加工与序列加工依赖的是相同的神经机制，那么，句法加工能力一旦受损，也会表现在序列加工能力的受损上。这种假设已经获得验证。一项研究（Christiansen et al. ,2010）对句法能力受损的失语症患者和正常人学习基于人工语法构建的线性序列进行了比较，结果发现，在训练阶段两组的表现没有明显差异，但是，在训练阶段结束后，当给两组呈现新的序列让他们判断新的序列是否符合训练阶段接触的序列所体现的人工语法时，患者组的识别和分类能力体现随机性，正常组的表现则远高于随机性。这表明句法受损的失语症患者，其序列学习能力也同样受损。类似的比较实验也被应用于音乐领域，句法能力受损的失语症患者在识别和分类由音符构成的序列时，与正常人相比表现同样不佳（Patel et al. ,2008）。此外，颅电刺激和磁刺激研究（De Vries et al. ,2010；Uddén et al. ,2008）显示，刺激布洛克区可以提升序列加工水平，这也反映出该大脑区域与线性序列加工能力直接关联。

　　心理学领域的研究成果同样表明了序列结构对语言表达和理解的重要性。如果一个句子的序列结构比其层次结构更加重要，那么，句子中单词之间的线性距离应该比单词在层次结构中的关系更加重要（Frank et al.，2012：4524）。Gillespie & Perlmutter（2013）对主语和谓语动词一致性的错误率进行了检验，他们设计的每组句子的主语为单数，主语 NP 的后置修饰语包括两类：介词短语（PPs）和关系从句（relative clauses，RCs）。为了将距离、语义等影响因素降至最低，他们确保介词短语和关系从句所含的单词几乎完全相同，只是关系从句多了一个关系代词"that"，如下所示：

　　The pizza *with the missing slice*（s）...（PP）

　　The pizza *that had missing slice*（s）...（RC）

　　Gillespie & Perlmutter（2013）的目的在于测试两类 NPs 与后续谓语动词出现不一致性的错误率。他们发现，无论是 PP 修饰语还是 RC 修饰语，当 NP（The pizza）结尾的名词是复数时（如 slices），错误率显著高于当 NP 结尾的名词为单数的情况，与 NP 的修饰语是 PP 或 RC 没有关系。这表明错误率的上升只涉及谓语动词和 NP 结尾的复数名词（如 slices）之间的邻近序列关系。如果被试的解析依赖于层次结构，那么，关系从句（RC）修饰的 NP 引发的错误率应该相对较低，而事实并非如此。因此，影响主谓一致关系的不是层次结构，而是局部序列结构。Partek 等人（2011）采用的自控速度阅读（self-paced reading）和眼动跟踪（eye-tracking）实验结果也验证了句子加工的难度取决于线性距离而非结构上的距离。他们采用

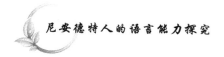

的测试句子包括两大类：在第一类句子中，关键动词（如 played）的主语是主句的主语；在第二类句子中，关键动词（如 played）的主语是关系从句的主语。而且，在每一类句子中，动词与主语之间的距离不断增加。

第一类句子：

The child <u>played</u> the sports that were hard to master. （played 前无修饰语）

The child ***from the school*** <u>played</u> the sports that were hard to master. （PP 前置）

The child ***who was from the school*** <u>played</u> the sports that were hard to master. （RC 前置）

第二类句子：

The sports that the child <u>played</u> were hard to master. （played 前无修饰语）

The sports that the child ***from the school*** <u>played</u> were hard to master. （PP 前置）

The sports that the child ***who was from the school*** <u>played</u> were hard to master. （RC 前置）

测试结果显示，无论是对第一类句子还是对第二类句子，阅读时间都体现出局部性效应，即阅读时间都随着关键动词（played）与其主语之间距离的增加而不断增加，而且，这与关键动词（played）处于主句内（第一句子）还是处于关系从句内（第二类句子）没有明显的关联。换言之，如果层次结构决定句子的加工时间，那么，第二类句子与其对应的第一类句子相比，

在关键动词上的加工时间应该更长。但是，事实并非如此。

序列结构的预测能力与单词共现的频率相关（Bybee，2002），因此，如果序列的局部信息与先前呈现的句子信息发生矛盾，那么，加工序列的局部信息应该会变得缓慢。Tabor，Galantucci & Richardson（2004）采用自控速度阅读任务，在实验1中设计了20组句子对被试进行测试，每组包含4个句子，每个句子含有一个由关系从句（RC）修饰的不充当主语的名词词组（如 the player），每个句子代表的是一种不同的条件。根据关系从句是否简化划分为"简化"和"非简化"两类，同时根据关系从句中动词的过去式和过去分词是否同形划分为"模糊"和"明确"两类，于是，四类条件具体包括：模糊动词＋RC 简化、模糊动词＋RC 非简化、明确动词＋RC 简化、明确动词＋RC 非简化。

例如：

The coach smiled at the player <u>tossed</u> a frisbee by the opposing team.

（模糊动词＋RC 简化）

The coach smiled at the player ***who was*** <u>tossed</u> a frisbee by the opposing team.

（模糊动词＋RC 非简化）

The coach smiled at the player <u>thrown</u> a frisbee by the opposing team.

（明确动词＋RC 简化）

The coach smiled at the player ***who was*** <u>thrown</u> a frisbee

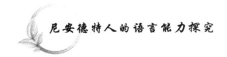

by the opposing team.

（明确动词＋RC 非简化）

实验 1 结果显示，在关系从句的动词（如 tossed/thrown）和随后的 3 个单词（如 a frisbee by）上，存在显著的 RC 简化效应，即与 RC 非简化相比，RC 简化的阅读时间显著增加，而且，也存在"RC 简化/非简化"与"模糊/明确动词"之间相互作用的显著效应，就"tossed"和"thrown"的简化 RC 而言，前者的阅读时间显著多于后者。这一结果表示"the player tossed a frisbee"可能因临时被局部理解但又与前面的信息相违背（尤其是等到 by 出现时）而增加了阅读时间。为了消除"tossed"和"thrown"的简化 RC 在阅读时间上的差异可能受到这两个动词语义影响的可能性，Tabor 等人（2004）进行了实验 2，在实验 2 中，他们在每组 4 个句子中维持了相同的动词，四类条件转变为：生命性（animate）＋RC 简化、生命性＋RC 非简化、非生命性（inanimate）＋RC 简化、非生命性＋RC 非简化。

例如：

The bandit talked ... of *the prisoner* transported the whole way by ...

（生命性＋RC 简化）

The bandit talked ... of *the prisoner* who was transported the whole way by ...

（生命性＋RC 非简化）

The bandit talked ... of *the gold* transported the whole way by ...

（非生命性＋RC 简化）

The bandit talked ... of ***the gold*** that was <u>transported</u> the whole way by ...

（非生命性＋RC 非简化）

实验 2 得出了相同的结果，即，"the prisoner transported ..."比"the gold transported"的阅读时间显著增加。这进一步证明了句子加工受局部序列结构的影响，因为"transport"与一种货物共现的频率远高于其与人共现的频率。

有关语法合适性判断的心理学实验（如 Christiansen et al.，2009；Gibson et al.，1999；Vasishth et al.，2010）甚至发现，对于多层次中心内嵌的句子，不合语法的句子（如"The spider that the bullfrog that the turtle followed mercilessly ate the fly."）比起合乎语法的句子（如"The spider that the bullfrog that the turtle followed chased ate the fly."），读者反而认为前者更具有可接受性，在加工末尾名词时更加迅速。这很可能与前面已经出现的名词和后来出现的动词之间的距离太长有关，从而难以在记忆中维持所有的名词（Gibson et al.，1999）。

众所周知，句子理解涉及对即将出现的信息的预测，越是可预测的单词，阅读时间越短（Van Berkum et al.，2005）。而学习序列结构能力越强的个体，对单词的预测能力越强（Conway et al.，2010）。而且，对序列结构的预测能力越强，会直接影响自然语言中长距离依存关系结构（long-distance dependencies）的在线理解，表现为更强的理解能力。比如，

Misyak，Christiansen & Tomblin（2010）采用"人工语法学习（artificial grammar learning，AGL）＋序列反应时间（serial reaction time，SRT）"的实验范式（简称 AGL-SRT），先让被试接受符合人工语法的视觉序列学习，序列遵循 aXd，bXe，cXf 规则，其中，a，b，c 分别由"pel""dak""vot"3 个伪词来体现，d，e，f 分别由"rud""jic""tood"3 个伪词来体现，X 则由 24 个双音节伪词中的某一个来体现（wadim，kicey，puser，fengle，coomo，loga，gople，taspu，hiftam，deecha，vamey，skiger，benez，gensim，feenam，laeljeen，chila，roosa，plizet，balip，malsig，suleb，nilbo，and wiffle）。比如说，"dak fengle tood"符合人工语法。在被试接受视觉学习之后，让被试判断听觉序列，测试他们做出正确判断的反应时间，并记录被试个体之间的差异，然后，再运用自控速度阅读范式测试他们对长距离依存关系的句子（即含有主、宾语关系从句的句子）的理解，结果发现被试的序列预测能力与含有长距离依存关系的句子的在线理解能力成正相关。这也进一步验证了层次结构的学习能力依赖于序列结构的学习能力。

Gold 等人（2018）最近对南部斯拉夫语言（South Slavic languages）中主语和谓语动词的性别一致性问题的心理学实验也验证了线性序列结构比层次结构更为基本。在这些语言中，名词和谓语动词都有三类性别，即阴性、阳性和中性。他们采用诱导表达（elicited production）的范式，先向被试呈现只含有单一 NP 作主语的句子，然后呈现两个并列 NPs（NP1 ＋ NP2），让被试用并列 NPs 替代原来句子的主语，以考察谓语动词在性别上与主语的联系。实验结果显示,被试表现出强烈的倾向性,即无论谓语动词相对于主语(NP1+NP2)而言是前置还是后置,谓语动词与邻近的 NP 在性别上保持一致:当谓语动词后置时,谓语动词与 NP2 在性别上保持一致;当谓语动词前置时,谓语动词与 NP1 在性别上保持一致。这表明在这些语言中,主谓的性别一致典型地表现出线性序列结构特征。

　　语言习得的运算模型研究同样为序列结构是语言基本结构特征这一观点提供了证据。越来越多有关语言习得运算模型推演的结果显示,复杂的语言现象可以通过简单的序列统计信息而学得。以英语复杂疑问句中助动词前置(auxiliary fronting)为例:

　　① Is the man who is eating hungry?

　　② Is the man who eating is hungry? (×)

　　对于一个简单的一般疑问句(如 Is the man hungry?),第一个出现的助动词发生前置,按理说,儿童在习得复杂疑问句过程中应该会产出类似②这样的错误问句。但是,事实上,儿童几乎不会说出这样错误的问句,而是会说出①这样正确的问句。坚持层次结构观的生成语法认为,儿童天赋的语言习得机制中如果没有层次结构概念,就不可能确保助动词前置的正确性,因为儿童一开始接触的语言环境中几乎不存在这样复杂的疑问句。然而,利用基于线性序列结构的运算模型进行分析,结果表明,在学习线性序列结构的基础上,完全可以学得助动词在复杂疑问句中的正确位置的使用方法。Clark & Eyraud (2006)运用自由语境语法推理运算模型(context-free

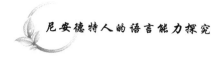

grammatical inference algorithm），首先给模型提供训练用的输入信息，在这些输入信息中不存在助动词前置的复杂问句。

例如：

The man who is hungry died.

The man ordered dinner.

The man died.

The man is hungry.

Is the man hungry?

The man is ordering dinner.

在上述输入信息的基础上，模型能够产生助动词正确前置的复杂疑问句（如"Is the man who is hungry ordering dinner?"），而不是"主—动"错误前置的复杂问句（如"Is the man who hungry is ordering dinner?"）。模型的分析机制非常简单——在基于输入信息学得的语法中，"the man"与"the man who is hungry"一致，因为存在一组句子（即"The man died. / The man who is hungry died."），两者的差异仅限于两个词组的差异，而且，两者在位置上可以互换。同样，"hungry"与"ordering dinner"一致，因为也存在类似的一组句子。为了验证新的结构的产生未必需要在输入信息中出现，Clark & Eyraud（2006）还给模型输入了如下信息：

It rains.

It may rain.

It may have rained.

It may be raining.

It has rained.

It has been raining.

It is raining.

模型同样能够产生新的正确结构（如"It may have been raining."），而不是错误的结构（如"It may have been rained./It may been have rain./It may have been rain."）。同样，Fitz（2010）的统计学习模型基于线性序列信息和语义信息也能产生助动词正确前置的复杂问句，基于简单疑问句（如"Was the dog sleeping?"）和含有关系从句的复杂陈述句（如"A girl that is hitting him plays."）的输入信息，模型能够产生正确率很高的复杂疑问句（如"Were the boys that were dirty playing?"），因此，简单问句和复杂陈述句中所包含的分布信息能够支持学习复杂疑问句中助动词的前置。"由于这两种结构——简单疑问句和关系从句典型出现在儿向言语（child-directed speech）中，儿童可能接触到充分的间接证据，从而在缺乏积极示例的情况下推导出助动词前置的句法"（Fitz，2010：2695）。

不仅仅是复杂问句中助动词前置现象，其他语言现象，如儿童早期言语中限定动词缺少屈折形态的错误情况（如"He go there."），也能够通过不依赖于层次结构的运算模型加以解释（Freudenthal et al.，2009）。儿童语言习得模型表明，"儿童早期语言行为只需要通过基于句子序列结构的分布统计信息就可以给予解释"（Frank et al.，2012：4525）。

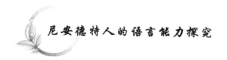

# 第五节　序列结构对语言进化的启示

如果我们接受语言最基本的普遍特征是序列结构,而且,其潜在的机制具有领域通用性质的观点,那么,解释语言进化就会变得更加容易。任何语言进化的理论没有必要直接解释成分结构如何产生,因为成分结构是序列结构的衍生产物;需要解释的是序列结构潜在的、领域通用的认知过程(Bybee,2002:130-131)。从广义来看,序列学习和加工能力不是人类独有的,一些鸟类(Ten Cate,2017;Spierings et al.,2016)和非人类灵长目动物(Heimbauer et al.,2012;Wilson et al.,2013)也具有此项能力。但是,无论是鸟类还是非人类灵长目动物,都没有语言能力,这说明它们的序列加工能力与人类的相应能力存在本质的差异,因此,探索人类序列加工能力得以提升的潜在机制,不仅有利于深化我们对语言进化的认识,也有利于我们考察尼安德特人的语言能力。

基于一个基本的事实,即人类祖先和黑猩猩的祖先在七八百万年以前分道扬镳(Langergraber et al.,2012),而黑猩猩至今尚无语言能力,有一点是可以肯定的,那就是,在两者祖先分离之时人类祖先的基因对 $PCDH11X/Y$ 发生突变是一个关键的节点,该基因对的突变以及随后产生的连锁反应是序列加工和学习能力提升的根本动因。$PCDH11X/Y$ 基因对的突变对大脑的侧化产生了深远的影响(Priddle et al.,2013a,2013b)。

有证据显示,人类 Broca 区的 BA44 左侧化及其与后颞皮层之间的背侧通路对加工自然语言的句法起着关键作用(Friederici,2017)。如果说句法能力源于序列加工能力,那么,这无疑表明人类大脑的侧化极大地提升了序列加工能力。虽然我们不能肯定尼安德特人与现代人类有着同等程度的序列加工能力,但是,至少可以肯定 $PCDH11X/Y$ 基因对的突变为尼安德特人和现代人类奠定了共同的重要基础。而且,一些与脑形成、皮层扩展、信息加工和交际能力相关的基因突变是尼安德特人和现代人类共有的。以 $FOXP2$ 为例,有证据表明 $FOXP2$ 对基底神经节及其与大脑皮层相关通路的形成以及加速信息传递起着至关重要的作用(Lieberman,2013),而且,$FOXP2$ 异常导致的失语症与 Broca 失语症类似,而 Broca 区涉及句法加工,这暗示 $FOXP2$ 与句法加工相关(Johansson,2013:49)。此外,通过比较植入人类 $FOXP2$ 的老鼠和没有植入人类 $FOXP2$ 的老鼠,发现在从陈述性学习(declarative learning)向程序性学习(procedural learning)的过渡中,前者的学习速度更快(Schreiweis et al.,2014)。程序性学习涉及将行为序列化和自动化。就目前所知,现代人类与尼安德特人的 $FOXP2$ 的差异仅限于现代人类的 $FOXP2$ 的调节元件发生过变化,而这种变化被认为与语言的外化(即言语)过程相关(Berwick & Chomsky,2016),因此,就 $FOXP2$ 对序列加工能力的贡献而言,尼安德特人与现代人类应该不存在显著的差异。

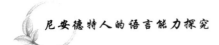

无论尼安德特人与现代人类在序列加工能力上存在怎样的差异,基因突变导致的序列加工能力的提升,再加上自然选择的作用,有理由相信尼安德特人的序列学习和加工能力应该达到了相当高的水平。在此基础上,考虑到尼安德特人和现代人类在发声解剖特征和听觉解剖特征上没有显著的差异,尼安德特人完全可能拥有语言能力。即便现代人类 *FOXP2* 调节元件的突变与语言外化(即语言发声过程)相关,这或许暗示在言语能力上尼安德特人与现代人类存在一定的差异,毕竟,迄今尚无证据表明 *FOXP2* 调节元件的突变是语言外化的唯一必要条件。考虑到句法递归并非语言普遍特征,即便尼安德特人没有句法递归能力,他们高水平的序列学习和加工能力也可以确保他们拥有一种通过线性组合而体现序列结构特征的语言。况且,根据 Reali & Christiansen(2009)就联通主义模型的推演,在从尼安德特人与现代人类分离直至尼安德特人消亡至少 70 多万年的漫长时间里(Rogers, Bohlender & Huff, 2017),从理论而言,尼安德特人足以从序列加工能力进化出句法递归能力。当然,递归能力能否体现出交际适应而用于语言之中,则受环境和文化等因素的影响,毕竟,有些语言(如 Pirahã 语)中不存在句法递归特征。

# 第七章　语言进化

　　语言进化研究是一个既古老又崭新的研究领域。从古希腊的亚里士多德至 20 世纪 60 年代英国的缪勒,他们的研究无不涉及语言起源问题(Johansson,2005:158-160)。此类研究依赖于假设,由此产生了无尽且无效用的理论(Holden,2004),巴黎语言学会于 1866 年宣布,禁止语言起源问题的研究,伦敦语文学会也随即在 1872 年禁止此类研究。直到 1970 年美国人类学协会的一次研讨会和该研讨会上论文的收集出版,语言起源的研究又被重新提出(Volterra et al.,2005:4)。但是,语言起源研究并没有迅速兴起,主要是 Chomsky 普遍语法的统治地位所带来的消极影响,使得语言起源"在目前难以进行严肃的探究"(Holden,2004:1316)。

　　随着技术发展、跨学科合作增强和思维方式的革新,从 20 世纪 90 年代起,语言起源研究又迅猛突起(姚岚、王鉴棋,2010:321)。Pinker & Bloom(1990)的研究可以说是催化剂(Christiansen et al.,2003:3)。此后,相关著作和论文大量出版。甚至为了进行语言进化研究还定期举办研讨会——语言进化国际研讨会(International Conference on the Evolution of

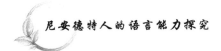

Language，EVOLANG）。该研讨会自 1996 年起每两年举办一次，至今已举办 12 次（2018 年 4 月在波兰托伦市举办了第12 届研讨会），而每一次研讨会之后都会出版一部由会议上提交的论文和摘要组成的论文集。

尽管语言起源和进化研究十分活跃，跨越众多学科，但是，也存在众多争议，一直悬而未决。本章首先针对一些矛盾的理论观点进行讨论，具体包括：（1）语言是在自然选择（natural selection）作用下渐进产生的，还是由于基因突变而突然产生的？（2）语言进化是交际适应还是非交际适应？（3）语言进化归功于基因还是文化？随后，本章将对语言进化的大体轨迹提出假设并进行论证。

# 第一节　连续论和突发论

语言进化研究一直以来存在连续论和突发论之争。连续论（如 Dediu & Levinson，2013；Tallerman，2014；Corballis，2017)认同达尔文的自然选择进化论，认为语言进化基于自然选择的作用而体现出连续性和渐进性，因为"自然从不飞跃"（natura non facit saltum）（Darwin，1859：93）。而突发论（如Chomsky，2017；Berwick et al.，2016；Tattersall，2017）则否定自然选择的作用，认为语言是基因微变导致大脑神经系统重组而突然产生的，发生在 5 万—10 万年前。连续论与突发论之争，从本质上而言，反映了两种走向极端的观点：连续论过分强调自然选择的作用,仿佛自然选择是物种进化的唯一动因;而突发论则过于强调基因突变的作用,淡化了自然选择的作用。

确实,达尔文的《物种起源》(1859)通篇强调自然选择在物种进化过程中的强大作用,强调自然选择作用的缓慢性和物种变化的细微性、渐进性和连续性。若对《物种起源》的核心思想进行概括,主要包括以下几点:第一,如果追根溯源,动物和植物都起源于为数很少的共同祖先(Darwin,1859:219,227)。物种的后代会发生渐变现象,变化的后代就是新的变体,变体与新的物种之间没有本质的界线,因为变体也可以形成新的物种(Darwin,1859:32)。第二,自然选择在物种进化中起核心作用。"自然选择"这一术语从《物种起源》的引言至最后一章(第十四章)共出现了258次,可见自然选择在达尔文进化论中的地位。正因如此,达尔文进化论也被称为自然选择理论。何为自然选择?有机体的"每一个细小变化,只要有用,就会被保留,我把这一原则称为自然选择"(Darwin,1859:33)。达尔文强调自然选择的缓慢性以及物种变化的细微性、渐进性和连续性,因为"自然从不飞跃"(Darwin,1859:93)。第三,过渡形态物种的存在。至于为何难以发现过渡物种,达尔文指出,"两个物种之间存在过渡形态,之所以罕见,是因为过渡形态物种通常在过渡地带形成,数量少,极易灭绝"(Darwin,1859:86),更重要的原因是"地质记录的不完善"(Darwin,1859:84)。

正是由于达尔文强调自然选择在物种进化中的作用,研究语言进化的一些学者过分执着于自然选择在语言进化中的作用,强调语言进化的渐进性和连续性。正如 Pinker(1994:

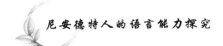

360)所言,从科学上而言自然选择理论不仅是取代神创论的了不起的理论,而且是唯一能够解释复杂器官进化的理论。达尔文自然选择论的语言进化假设,其要点可以归纳如下:第一,在动物尤其是非人类灵长目动物的身上,存在语言的前身(precursors),如回顾过去和想象未来的所谓生成性思维(generative thinking)以及心理理论(theory of mind)(Corballis,2017)。在整个人类进化史中,交际系统体现连续性。第二,在语言进化过程中存在过渡形态,即原型语言(protolanguages)(Gibson,2012;Tallerman,2012;Falk,2016),原型语言可能具有组合性,但缺乏句法(Tallerman 2012;2014)。原型语言逐渐变得丰富并逐渐细化,直至进化成为现代复杂的语言。第三,语言句法的产生不是基因突变的结果,而是自然选择所致。句法递归是渐进发展的(Tallerman,2014:217),"产生语言基本结构的思维特征不是人类独有的,而是通过自然选择进化的"(Corballis,2017:128)。虽然不能说基于达尔文进化论的语言进化假设在所有细节上都是错误的(如原型语言的存在),但是,语言进化是不是严格意义上渐进的和连续的,是不是自然选择唯一作用的结果,这是值得怀疑的。

正如 Parravicini & Pievani(2018)所批评的那样,连续论主要存在三方面的问题:第一,语言成分的组织问题。大多数坚持连续论的学者把灵长目动物的发声交际视为语言的前身,仿佛人类语言从一开始就是为了交际功能而获得选择的,并通过自然选择而缓慢渐进地发展。这种观点面临的理论困难就是,语言作为一种复杂的器官(language is a complex organ),联系当前用途通过细微积累的自然选择进化论难以进行解释。第二,实证问题。连续论广泛采用逆向工程(reverse engineering),试图从一个特征当前的形式着手,逆向重构其通过自然选择而渐进发展的过程。就语言而言,这种方法试图以线性渐进的方式重构从准语素(pre-morphemes)到真正语素、从准语言(pre-language)到真正语言的进化过程。但是,就已有的数据而言,没有直接证据显示这样一种渐进的过程。这种功用性和机械性的方法对于某些特征可能有用,但是,对于像语言这样复杂的特征而言,可能导致的结果就是高度臆测的适应假设。第三,与真实古人类学数据的差距问题。人属物种枝杈庞杂,同一时期有多种物种共存,并且生活于不同的社会群体中,而这些群体通常相互孤立,处于不稳定的环境和变化的气候之中,因此,认为存在某种稳定而单一的选择压力可以以线性方式影响生理和心智,是不符合精简原则的。

连续论来源于达尔文的自然选择理论。毋庸置疑,自然选择理论存在自身的缺陷,那就是,达尔文轻视了基因突变的作用。比如,达尔文在《物种起源》中不时地提及"自然选择能够捕捉物种的每一个细微的变化",但是,物种的"细微"变化从何而来? 而且,物种的每一个变化是否真的都是十分细微的呢? 值得一提的是,达尔文虽然有夸大自然选择作用的嫌疑,但是,他并没有断言自然选择是物种发生变化的唯一动因,因为他曾表示"我相信自然选择一直是改变物种的主要方式,虽然不是唯一的方式"(Darwin,1859:7)。如果研究语言进化的学者将注意的焦点放在"自然选择不是唯一的方式"上，或许有助于摒弃语言进化的连续论。事实上，基因突变可以导致物种表现型的显著差异，例如，基因突变可以使物种的体型发生显著的差异（Sutter et al.，2007），也可以导致癌症的产生，而且，癌症的类型与发生突变的基因的数量有关（Martincorena et al.，2017）。

语言进化突发论之所以产生，正是因为自然选择理论被认为难以解释语言进化的过程。我们知道华莱士（A. R. Wallace）和达尔文是自然选择理论的共同奠基人，但是，华莱士后来对自然选择理论产生了质疑，认为自然选择理论无法解释人类的巨大飞跃——"自然选择只能使野人拥有比猿脑稍微优越的大脑，而它实际上拥有的大脑却毫不逊色于我们文明社会中一个普通人的大脑"（Wallace，1869：204）。华莱士的质疑被普遍称为"华莱士问题"（Wallace's problem）（Berwick et al.，2016：3；Bickerton，2014：1-15）。根据 Berwick & Chomsky（2016：3）的观点，语言给达尔文进化论的解释提出了严肃的挑战："一方面，达尔文思想要求后代由祖先经过一系列细微的变化从而逐渐演变，另一方面，由于其他动物没有拥有语言，这在生物学上似乎是一个巨大的飞跃，违反了林奈（Linnaeus）和达尔文的自然从不飞跃原则。"基于这种认识，Chomsky 等人提出了基因突变论，认为语言的递归句法运算系统是人类独有的，是基因突变导致的。

语言突发论的缺陷在于，一方面，突发论认为语言在 5 万—10 万年前的一次基因突变时产生（Berwick & Chomsky，

2016），另一方面，忽视了早期多种基因突变（如尼安德特人和现代人类共有的一些基因突变）为语言奠定的基础以及自然选择的作用。尽管基因突变可以导致表现型的显著差异，但是，一次基因突变能否使语言从无到有而且含有递归句法结构，令人疑惑（Diller & Cann，2013；McMahon et al.，2013；Tallerman，2014）。尼安德特人与现代人类共有的一些基因突变（如 $PCDH11X/Y$、$GADD45G$、$SRGAP2$、$HAR1F$、$FOXP2$ 两个氨基酸的置换等）都无疑为语言的产生奠定了基础，而且，在此过程中，自然选择也是不可忽视的因素，因为基因突变只要对有机体的适应性体现优势，就可能获得自然选择，当基因突变频率达到关键点，就可能扩展至整个群体并得以稳固（Smith & Haigh，1974）。诚然，在现代人类与尼安德特人分离之后，现代人类也发生了一些基因突变（见第五章），但是，这些基因或与语言无直接关联，或只与语言外化相关，或其功能目前尚未明确。此外，突发论轻视或者忽视了已有的实证数据。考古发现，具有现代人类解剖特征的智人并非唯一具有复杂认知和行为特征的人属物种。大量装饰品、石刻艺术和符号性丧葬（见第四章）已经被证明来源于尼安德特人。鉴于这样的证据越来越多，把符号性智力和语言机能界定为最近出现的神秘特征且属于一个物种独有，这有何意义呢（Parravicini et al.，2018）？我们不能因为人类和现有灵长目动物之间有巨大差异而将这种差异视为突发论的证据，毕竟人类不是由现有的灵长目动物进化而来的。无论是突发论还是连续论，如果现有的实证数据不够完整，那么，都不足以作为任何一种理论的证据。

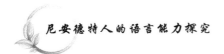

一个不可否认的事实是，物种特征的进化是自然选择和基因突变共同作用的结果。语言也是如此。语言的产生应该是基因突变和自然选择共同作用，并在漫长的进化过程中产生积累效应的结果；自然选择可以使物种进化体现连续性，而基因突变未必会使物种进化呈现连续性，但也未必呈现"巨大飞跃"，而是"小步跳跃"。Shultz，Nelson & Dunbar（2012）对自190万年前起人科物种大脑进化的节奏的考察为这一观点提供了间接的证据。他们发现人科物种大脑的进化涉及两种变化的交织：一种是物种之间的小步跳跃性变化（step-wise changes），另一种是物种内部渐进性变化。具体而言，大脑的跳跃性增长分别发生于大约180万年前、100万年前、40万年前和10万年前。大脑的跳跃性增长并非环境、气候等变化能够解释的。虽然 Shultz，Nelson & Dunbar（2012）没有深入探究大脑跳跃性增长的动因，而只是将其笼统归因于社会和认知的进化，但是，鉴于基因突变（如 SRGAP2 突变）能够给大脑带来显著的变化，所以，不排除基因突变是人类进化和语言进化体现跳跃性的主要动因。

由此可见，语言进化可能既不是自始至终体现自然选择观的渐进性和连续性，也不是某一个基因突变而发生的巨大飞跃，而是渐进过程中穿插着小步跳跃。

# 第二节　交际适应和非交际适应

从语言的现有功能来看,语言最重要的功能无疑是交际功能。但是,这是否意味着语言的进化过程是交际适应(communicative adaptation)的过程呢?针对这一问题,一直以来存在着交际适应(如 Pinker et al.,2005;Jackendoff et al.,2005)和非交际适应之争(如 Hauser et al.,2002;Fitch et al.,2005;Berwick et al.,2016)。

Chomsky 及其合作者一直坚持认为语言并非为交际而进化,这种观点与他们对语言本质的认识密切相关。在 Chomsky,Hauser & Fitch(2002)看来,研究语言进化,不能把语言看作一个单一的系统,单一系统观不利于探究人类的独特性和人类与其他动物的共性。为此,他们将语言分解为三个系统——感觉运动系统、概念意图系统和递归运算系统,并将这三个系统统称为语言的广义机能(faculty of language in broad sense,FLB),其中,只有递归运算系统被纳入语言的狭义机能(faculty of language in narrow sense,FLN)。换言之,只有 FLN(或递归运算系统)是人类独有的特征,也是语言独有的特征,而 FLB 的其他成分是人类和其他动物或多或少共有的东西。

若将精确的机制搁置一边,我们认为 FLN 的一个核心成分就是运算系统(狭义句法),运算系统产生内在表征,并通过音位系统将其投射到感觉运动界面,通过(形式)语义系统将其投射到概念意图界面。

不管怎样,人们可以不必关注 FLB 的制约因素而对 FLN 的进化进行有益的探索。基于如下观察,这一点很明确。虽然 FLB 的许多方面是(人类)与其他脊椎动物所共有的,但是,从目前来看,动物交际和其他可能领域都缺乏类似 FLN 的核心递归特征。(Hauser et al.,2002:1571)

——笔者译

对于递归运算(或 FLN)的产生及其功能,Hauser, Chomsky & Fitch(2002)明确否定 FLN 是为交际而进化。

研究语言进化问题,区分两类问题十分重要:一类问题涉及语言作为交际系统,另一类问题涉及这一系统潜在的运算机制……涉及抽象运算机制的问题与涉及交际的问题不同,后者针对的是抽象运算和感觉运动/概念意图交界问题……核心运算能力很可能不是为交际而进化的,而是在被证明对交际有用之后而发生改变……(Hauser et al.,2002:1569)。

——笔者译

　　我们认为,研究这种能力应该考虑交际之外的领域
(如数字、社会关系、导航)。(Hauser et al.,2002:1571)

——笔者译

　　至于为何要区分语言的运算能力和语言的交际能力,
Chomsky 及其合作者没有明确说明,但是,在 Chomsky 和 Berwick
的合著中,他们指出动物交际系统与人类语言在结构和功能上存
在巨大的差异(Berwick et al.,2016:63)。值得一提的是,在
Hauser,Chomsky & Fitch(2002)的研究中,语言的运算机制被认
为可能是由动物在数字、社会关系、导航等方面的运算能力进化而
来,就这一点而言,他们没有否定自然选择在语言运算机制进化过
程中的作用,这也间接表明他们认可扩展适应(exaptation)的观点,
即原来用于数字、社会关系和导航方面的运算机制碰巧可以用于
语言转而为语言所用(Hauser,2002:1578),这与后来 Berwick &
Chomsky(2016)所持的观点不同。

　　Berwick & Chomsky(2016)承袭了 Hauser,Chomsky &
Fitch(2002)的语言三个系统观——感觉运动系统、概念意图
系统和合并运算系统。虽然他们把递归运算称为合并运算
(merge),但是,合并与递归在本质上并无差异(Berwick,2016:
71)。Berwick & Chomsky(2016)同样坚持认为合并运算系统
是语言的本质特征,合并运算系统不是为交际而进化的。

　　当然,存在大量动物交际系统,但是,它们与人类语
言在结构和功能上存在巨大差异。人类语言甚至不符

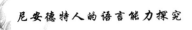

合标准类型的动物交际系统……传统上一直认为语言
是一种交际功能系统,这确实是大多数语言选择主义观
采纳的普遍观点,这种观点几乎总是从这种解释出发。
然而,就有意义的描述而言,这似乎是不正确的……

从某个生物特征的表面形式去推断其"目的"或
"功能"总是面临着许多困难……骨头没有单一、明确
的功能。虽然骨头确实支撑着身体,使我们能够站立
和行走,但是,骨头也是钙和骨髓的储藏室,产生血红
细胞,因此,在某种意义上,骨头也是循环系统的一部
分……骨头是这样,语言也是这样……语言当然能够
用于交际,正如我们行为的任何一个方面也能用于交
际一样,如服装样式、手势等。但语言也可以而且通
常用于许多其他方面。(Berwick et al.,2016:63)

——笔者译


如果说语言的运算系统不是交际适应,那么,它的本质功
能是什么,又是如何产生的呢? Berwick & Chomsky(2016)认
为语言的本质功能是思维,而且,与 Hauser, Chomsky &
Fitch(2002)不同,他们没有给自然选择留下任何余地,没有暗
示合并运算系统可能由数字、社会关系和导航等运算能力进化
而来,而是将其归因于基因突变。


我们称这种最佳操作为合并。只要提供词汇概
念原子,合并操作就可以无限反复地产生无限数码式

的层次结构表达。如果这些表达能在概念系统界面获得系统解析，这就提供了一种"思维语言"。

　　除非出现反面证据，我们采纳的最简假设是，生成程序是由于基因微变而突然出现的。（Berwick et al.，2016：70）

——笔者译

更需要强调的是，Berwick & Chomsky（2016）突出了两对概念的区别，即语言和语言外化，语言进化和语言变化。

　　我们现在可以有效地采用"分而治之"的策略将"语言"进化难题分解为由基本特征描述的三个部分：（1）内在运算系统，负责构建层次结构表达，在与另外两个内在系统的界面获得语义解释。（2）感觉运动系统，负责表达和理解的外化形式。（3）概念系统，负责推理、解释、计划和行为组织……（Berwick et al.，2016：11）

——笔者译

　　比如，动—宾或宾—动这两种可能的结构将日语和英语、法语区别开来，这并非表征于内在的层次结构中，语言在时间上体现的序列顺序是外化要求的结果。如果是听觉模态，那么，输出就是我们更为熟悉的言语，包括发声学习和表达，但是，输出的模态也可能是视觉和

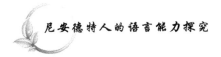

运动性质的,如手语。(Berwick et al.,2016:12)

——笔者译

　　不幸的是,有时候存在一种倾向,把真正的进化(基因)变化与历史变化这两个完全不同的现象混淆。正如已经指出的那样,有确凿的证据表明,从大约 6 万年前人类走出非洲的时候起,语言机能没有发生相关的进化,尽管毫无疑问发生了许多变化,甚至是外化模式(如手语)的创新……用更加确切的话来说,语言机能的产生涉及语言进化,而历史变化(一直持续)不涉及语言进化……如果这些假设是正确的,那么,外化可能根本没有发生进化……(Berwick et al.,2016:83)

——笔者译

　　由此可见,Berwick & Chomsky(2016)认为,作为语言核心特征的运算机制是由于基因突变而突然产生的,其本质属于思维范畴,与自然选择毫无关系,不涉及交际适应的问题。而且,鉴于他们强调语言和语言外化(如言语、手语)的区别,语言从本质而言也不涉及扩展适应过程,只有语言的外化过程涉及扩展适应,即语言原来的思维功能在外化条件满足的情况下体现出交际功用转而被用于交际领域。

　　针对 Chomsky 等人的语言非交际适应观,Pinker & Jackendoff(2005)予以强烈批评,并坚持语言为交际而进化。首先,他们批评语言本质是思维或"内在言语(inner speech)"

(Chomsky,2000：77)的观点。碎片式的内在言语与自然语句之间存在根本的差异,而且,一种"自言自语"系统应该不需要与人类声道特征相匹配的音位或语音系统,不需要线性顺序或格标记或一致标记,也不需要任何机制突出主题和焦点,而语言之所以需要这些,就是因为信息需要编码成可以感知的有序信号,为听者服务,因为听者缺乏该信息,必须将其与已有信息以渐进方式加以整合(Pinker & Jackendoff,2005：224)。换言之,语言的复杂性正是为交际而生。针对内在言语和外在交际哪一个是语言的本质属性的问题,Pinker & Jackendoff(2005：225)以聋人为例指出,尼加拉瓜手语(Nicaraguan Sign Language)是在一个聋人群体寻求交际的背景下产生的。内在言语依赖于在交际背景下获得的外在言语,如果说存在副产品的话,那应该是内在言语。主要的适应是交际,而思维的提升只不过是有益的副产品。

其次,针对递归运算机制由数字、导航等运算能力进化而来的观点(Hauser et al.,2002),Pinker & Jackendoff(2005：230)认为,语言递归系统不可能通过导航系统的细微改变而产生,因为语言递归体现"无限离散性",而动物界的导航系统或体现无限性而没有离散性,或体现离散性而没有无限性。动物界和大多数人类文化中,数字系统不具有递归性质。而且,如果把递归视为标准来判断某个特征是不是语言的前身,是否通过扩展适应而用于语言,那么,我们会发现很多候选项,如音乐,视觉上将物体解构为组成部分,复杂序列行为的构建等。按照这种思路,无疑会产生无穷的臆测。相反,如果我们假设

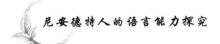

语言是交际适应,旨在交流知识和意图,那么,就会避免这些问题(Pinker et al.,2005:231)。

Chomsky及其合作者针对某个特征的适应性问题将其功能分为两类,即当前功能(current utility)和原有功能(functional origins)(Fitch et al.,2005),并依此为出发点批评"语言是一种适应"的论断过于模糊,难以确定,没有实证意义。Jackendoff & Pinker(2005:212)予以反驳,他们指出,当前功能可能多种多样,而原有功能则依赖于我们回溯进化史至哪一点,这种二分法忽视了第三种可能性,即当前适应(current adaptation)。例如,人腿的当前功能可以包括踢足球、踩刹车等,其原有功能甚至可以追溯至鱼对游泳的控制,但是,从当前适应角度而言,人腿无疑是对双足直立行走的适应。Jackendoff & Pinker(2005)反对当前功能和原有功能的简单二分法无疑是正确的。判断一个特征是不是交际适应,与回溯至进化史的哪一点密切相关,这一观点也是正确的。断言某个特征最原始的起源就是交际适应,难以摆脱目的论之嫌(姚岚、王鉴棋,2010:317)。例如,有学者认为语言潜在的思维是从其他动物(包括老鼠)的生成性思维(generative thinking)进化而来的(Corballis,2017)。暂且不论其进化过程是自然选择的单一作用[1]还是自然选择与基因突变的共同作用,我们可以断

---

① Corballis(2017)以单一的自然选择来解释动物的生成性思维能力过渡至语言潜在的生成性思维能力的进化过程,这种单一的自然选择观是站不住脚的。我们只需提出如下问题就可以否定单一的自然选择观:为何其他动物的生成性思维能力没有能够在自然选择的作用下进化成语言?

言的一点是,在人猿分离之前,无论动物具有怎样的生成性思维能力,这种能力都不是对语言的适应。同样,以发声学习为例,目前支持非灵长目动物的证据超过支持灵长目动物的证据。如果将来有确凿的证据表明灵长目动物没有发声学习能力,而鸟类、鲸等动物确实具有这种能力,那么,发声学习显然就不是语言的适应,否则就无法解释灵长目动物为何会丧失这种能力(姚岚 等,2010:317)。就语言进化而言,词汇必定先于句法,否则,句法就失去了赖以进化的基础(Jackendoff et al.,2005;Tallerman,2014;Bickerton 2014)。因此,一种合理的假设是,在人类进化的某个阶段,当出现类似单词的时候,语言的进化便是交际适应。

> 假设首先进化的是利用单词进行符号性交际的能力,单词之间只有连接,而没有句法联系。虽然没有现代语言那么强的表达力和有效性,但这相对于灵长目动物的叫声无疑极大地提升了交际能力……根据这种观点,句法结构能力的进化可能是作为一种适应手段,使得这种交际能够提供更多信息,变得更加有效。(Jackendoff et al.,2005:214)
>
> ——笔者译

Chomsky 及其合作者反对语言的交际适应,与他们的理论假设密不可分。如果他们的理论假设存在漏洞,那么,他们的语言非交际适应观也就失去了可靠的基础。我们不妨

对 Chomsky 等人的理论进行细致的批评分析。第一,语言交际与动物交际的巨大差异能否成为否定语言是交际适应的充分证据? 就语言是不是交际适应的问题,把语言与现有动物的交际进行比较,是没有意义的。鉴于人类祖先与黑猩猩祖先至少在七八百万年前已经分道扬镳(Langergraber et al.,2012),我们唯一可以确定的是,两者的共同祖先所拥有的任何能力不是语言适应,否则,无法解释其他灵长目动物为何没有进化出语言。虽然语言不可能形成化石,但是,研究已经消亡的人属物种与语言相关的解剖特征、基因突变、交际能力等方面的问题,并与人类进行比较,应该更有意义。尽管语言和现有动物交际系统存在巨大差异,但是,这不是证明语言和某些人属物种交际能力也存在巨大差异的充分证据。

第二,递归运算能力是不是人类和语言独有的特征? 这种狭义的语言机能只是 Chomsky 及其合作者提出的一个假设,并未获得实证数据的支持,正如他们自己所言:

> ……鉴于语言作为一个整体是我们这个物种独有的,FLB 机制的某个子集可能既是人类独有的,也是语言本身独有的。我们称构成这个子集的机制为语言的狭义机能(FLN)……FLN 的内容有待于实证去确定。如果实证研究表明,FLN 的任何机制既不是人类特有的,也不是语言特有的,而只是这些机制的整合方式是语言特有的,那么,FLN 就可能

是个空集。这种区分本身旨在从术语上为跨学科讨论和融合提供帮助,显然并不构成一个可以验证的假设。(Fitch,et al.,2005:181)

——笔者译

事实上,如前文所述,一方面,递归不是语言的普遍特征,相反,语言的最基本结构特征是线性序列结构,而且,在线性序列结构的基础上可以产生递归结构;另一方面,递归也不是语言独有的特征。因此,把假设递归运算视为语言独有的本质特征,并将之归因于基因突变,缺乏充分证据。

第三,"思维语言"(language of thought)的假设是否合理?Chomsky 及其合作者认为语言的本质以及最初的形式是思维,是合并运算系统作用于概念原子的结果。换言之,语言独立于言语或手语而存在,言语或手语只是语言在感觉运动层面外化的结果,即合并运算系统对概念的操作结果的外化形式。但是,这种观点面临多重挑战。首先,语言合并的对象是词项(lexical items),那么,"隐性的"概念是否等同于词项呢?虽然 Chomsky(2012:27)曾表示:"我们没有理由认为词项和概念之间存在任何差异。"但是,事实上,概念原子并非等同于词项。人科动物在语言出现之前肯定有某种概念,其他灵长目动物以及许多其他动物也有某种概念,私有的概念在本质上依然是私有的,不需要个体之间就其意义达成一致,也不可能达成一致,而词项则是在群体公共使用基础上约定俗成的产物,是通过学习获得的,因此,人类特有的作为词项基础的概念可能是通过

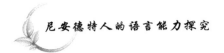

使用外化的语言而发展的（Tallerman，2014：208）。正如Hurford（2012：153）所言："公开使用影响私有的概念。"换言之，没有语言的外化，就没有词项。其次，词项的一个主要特征就是能够组合。如果人科动物确实拥有某种私有概念标签，那么，在外化之前，这些概念标签不可能具有"边缘特征"（edge features），因而不可能组合。所以，在语言外化之前没有词汇，词汇与认知、语言可能是同步发展的（Tallerman，2014：208-210）。再者，所谓的"思维语言"究竟有何选择优势？没有任何证据表明，刚刚拥有思维语言的人类祖先必然比其前身（只有动物思维过程）的生存机会更大，毕竟，这种思维语言是内在的、私有的。最后一点，Chomsky等人对合并运算及其与外化关系的解释也存在漏洞。以"What John is eating Ø ?"为例。根据Chomsky的合并运算，首先外在合并（external merging）产生"John is eating what"，然后通过内在合并（internal merging）复制what，并将之增加到原有的表达上，形成"what John is eating what"。至于为何原有的"what"被压制，Chomsky的解释是减轻表达一方的运算负担，提高运算效率，把运算负担转嫁给了接受的一方。Chomsky认为运算效率总是比交际效率更容易获得优势（Berwick & Chomsky，2016：72-74）。然而，事实并非如此，位移与否只是因语言不同而采用的两种策略。例如，在汉语句子"你看见了谁?"中，汉语并未将所谓的运算效率置于优先地位，而是将成功交际置于运算效率之上。Chomsky等人只是以发生位移的语言（如英语）为关注焦点，忽视了像汉语这类不存在位移现象的语言。如果说在语言外化之前就存在所谓内在合并,那么,汉语的外化也应该具有位移特征,但事实则相反;如果说内在合并是可以选择的,那么,是否发生内在合并应该是在外化之后发生的。Chomsky等人把位移现象作为否定语言的交际适应观的证据。"位移使得语言加工和交际更加困难,而不是更加容易,这是语言并非为交际而设计的又一条论据。"(Berwick,2011:70-71)然而,情况并非总是如此。例如,在英语句子"These mushrooms, you can eat Ø safely"中,位移使得"these mushrooms"对听者而言更加凸显,更加容易理解。再例如,比较"A truck killed my father yesterday"和"My father was killed Ø by a truck yesterday",第二个被动句很显然更受青睐,说明就位移而言,语言就是为交际而设计的。"没有证据表明位移产生了'解释负担',因此,位移现象不支持内化在先的思想。相反,是外化的语言真正驱动了位移,语法标记揭示了各种位移都是通过外化发展的。"(Tallerman,2014:213)

基于上述关于语言交际适应论和非交际适应论之争的批评分析,如果采取二分法笼统地断言语言进化是交际适应或非交际适应,都是不科学的。判断语言进化是不是交际适应,不仅要看我们回溯至进化史的哪一个阶段,而且,还应该将语言的具体特征与环境和文化联系起来。涉及语言进化的关键阶段,直立人(Homo erectus)是一个重要的参考指标。根据最新的研究结果(Everett,2017),180万年前的直立人甚至已经拥有某种形式的语言。无论现代人类的祖先是由直立人直接进化而来(Everett,2017),还是由匠人(Homo ergaster)进化为海得堡人（Homo heidelbergenis）而后再进化而来（Dediu et al.，2013；Tattersall，2018），鉴于匠人和直立人属于同一时期共存的古人类，因此，如果直立人拥有语言能力，那么，匠人也可能具有语言能力。如果上述观点成立，那么，人类祖先应该早在180万年前已经具有语言能力，因此，可以推断至少从那时起语言进化从整体而言应该与交际适应相关。

但是，语言不是一个单一整体，而是由多种成分构成，这一观点已经成为基本共识（Hauser et al.，2002；Pinker et al.，2005；Jackendoff et al.，2005；Parravicini et al.，2018）。因此，针对语言的某个具体特征是不是交际适应，还要联系环境和文化因素。这对于探讨递归是不是交际适应有重要启示。递归并非语言的普遍特征，而且，语言的递归结构可以从线性序列结构派生，一种合理的假设是，递归运算能力是一种认知能力，基于高度发展的线性运算能力，甚至在直立人和匠人时期就已经存在。但是，递归运算是否从那时起就是交际适应？这个问题自然另当别论。我们不清楚直立人（或匠人）的语言是否具有递归特征，我们也不能断言尼安德特人的语言是否具有递归特征，因此，存在两种可能性。如果他们的语言具有递归特征，那么，这说明在当时环境和文化因素的驱动下，递归运算体现出交际适应。这里需要澄清的是，递归运算的交际适应并非否定其可能经过了扩展适应的过程，毕竟，递归运算也存在于其他领域，如复杂工具的制造，而且，复杂工具的制造所涉及的思维和语言都与层次结构的构建能力相关，并受制于共同的神经机制（布洛克区的 BA44）（Tallerman，2014：216），因此，递归运算能力可能先是通过扩展适应被应用于语言,随后转向交际适应。正如 Johansson(2005:163)所言:"某些与语言相关的特征可能是适应,某些可能是扩展适应。甚至一个单一特征的起源也是两者的混合,先是扩展适应,而后通过微调以适应语言。"换言之,递归运算一开始可能并非为交际服务,但在语言交际需求的情况下转而体现出交际适应。另一种可能性是,尼安德特人以及之前的人属物种虽然有语言,但其语言没有递归特征。那么,这表明当时的环境和文化并没有这样的需求,因而,递归运算没有体现出交际适应的特征。我们不妨把递归运算能力与构词能力进行类比。不同的文化对于相同的领域在词语使用的细腻程度上不尽相同,比如,因纽特人有大量的词语对"雪"的细微差异进行描述,而这并不能否定其他文化具有相同的构词能力,这种差异只是环境和文化差异的驱动所致。如果我们采取这种观点看待递归,把递归视为一种潜在的认知能力,那么,我们就可以有效地解释为何有些语言具有递归特征,而另一些语言没有递归特征。对于没有递归特征的语言(如 Pirahā 语)而言,可以说在缺乏相关环境和文化因素的驱动下,递归运算能力没有体现交际适应。

就尼安德特人而言,如果递归运算能力与复杂工具制造相关,那么,没有理由否定他们已经拥有递归运算能力。鉴于他们在地球上生存的时间长达几十万年,从理论上而言,不排除尼安德特人将递归运算能力用于语言交际的可能性。当然,他们的递归运算能力是否体现交际适应而被用于他们的语言之中,还需要考虑他们的文化适应问题。针对这个问题,将来有

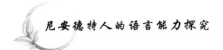

益的研究方向应该是探究缺乏递归特征的语言（如 Pirahã 语）与当地环境和文化的历史关联。

简而言之，语言进化是不是交际适应不是一个简单的判断题。从人属物种的进化历史来看，如果直立人已经具有语言能力，那么，可以说从一百万年前开始语言进化从整体而言是交际适应。但是，针对递归特征而言，合理的假设是把递归运算能力视为一种潜在的认知能力，这种能力是不是交际适应，则需要考虑不同群体的生活环境和文化适应等因素，这有利于解释不同语言在递归特征上体现的差异。

## 第三节　基因与文化

在语言进化过程中，基因突变和文化影响究竟起着什么样的作用？对于 Chomsky 等人（如 Berwick et al.，2016）而言，基因突变起着无可替代的作用，因为他们认为语言产生涉及的是从无到有的突发过程，是 5 万—10 万年前某个基因突变而导致的，与文化没有关系，只有在语言产生之后语言的变化受到文化因素的影响，从而导致语言的多样性。但是，鉴于这种观点缺乏充分的证据，唯基因突变论不是解释语言进化和语言产生的充分理论。相反，基因和文化的协同进化在人类进化中的作用已经成为普遍接受的观点（Christiansen et al.，2008；Christiansen et al.，2009；Laland et al.，2010；Dediu et al.，2013；Nölle，2014；Portin，2015；Morgan et al.，2015；

Thompson el a. , 2016）。

基因突变无疑为语言进化和产生奠定了必要的生物基础。自从人猿分离之后，人类经历了大约两千万次基因变化，而其中一些对大脑前体细胞（progenitors）的加速分裂和扩展无疑起着重要作用，这使得人类大脑容量几乎是猿类大脑容量的 3 倍（Enard,2015）。最近一项研究（Boyd et al. , 2015）首次发现，人类版的调节卷曲蛋白（FZD8）增强子（即 HARE5）能够缩短神经元前体细胞（neural progenitors）的分裂周期从而增大老鼠的大脑，增大的效果是黑猩猩同源体产生的效果的 10 至 30 倍。因此，人类大脑比黑猩猩大脑更大，部分原因是人类加速调节性增强子（human-accelerated regulatory enhancers，HAREs）HARE5 的基因变化导致 FZD8 的高度表达，缩短了细胞产生周期，加速了神经前体细胞的扩散。此外，人类特有的 ARHGAP11B 基因复制也会加速基底前体细胞（basal progenitors）的扩散和大脑新皮层的扩展（Florio et al. , 2015），GADD45G 基因的一个增强子的删除和 HAR1 基因的突变也对大脑的增长起着重要作用（Somel et al. , 2013）。因此，不排除更多的基因突变对大脑皮层扩展的贡献（Enard,2015）。高度扩展的大脑皮层与高级智力的发展密切关联（Fjell et al. , 2015）。在人类和语言进化过程中，基因突变不仅加速了大脑皮层的扩展，其产生的效果是多方面的。例如，SRGAP2 基因的复制提升了信号加工能力（Somel et al. , 2013），FOXP2 两个氨基酸的置换促进了基底神经节及其与大脑皮层相关通路的形成从而加速了信息传递（Lieberman,2013），PCDH11X/Y

基因配对深深影响了大脑的侧化（Priddle et al.，2013a，2013b），为句法加工奠定了重要基础（Friederici，2017）。

尽管基因突变可能为语言的进化奠定了生物基础，但是，基因突变是如何发生的呢？文化是否对基因变化产生影响呢？如果是，那么，生物基础本身就不能说是基因单一决定的。我们虽然对基因突变背后的动因认识有限，但是，有证据表明，文化实践活动可以改变环境，从而产生选择压力，导致基因突变（Laland et al.，2010）。例如，北欧等民族以动物奶制品为主的饮食导致了编码乳糖酶的基因的调节成分发生突变，产生了乳糖耐性（lactose tolerance）；而以富含淀粉食物为主的民族，其编码淀粉酶的基因数量则相对更多（Portin，2015）。迄今为止，基因组扫描已发现大量基因受到各种文化活动的影响，涉及饮食偏好、乳制品消费、植物驯化、人口迁移、新病原体的接触、新气候的接触、烹饪的发明、社会智力的提升、语言的使用和发声学习等（Laland et al.，2010：143）。文化活动引发的选择压力不仅会改变基因和生物特征，也会改变认知机制，而认知机制的改变反过来也同样会影响生物特征。例如，模型研究显示，语言的使用和工具制造能够产生选择压力，影响学习和数据习得的参数，进而影响表征系统的结构，而这又会产生新的选择压力，可能导致大脑解剖结构的改变（Lotem et al.，2017：7921）。

从进化的驱动力而言，存在两种遗传系统：一种是基因遗传，另一种是神经元遗传（Gash et al.，2015）。基因遗传适用于达尔文描述的进化过程，基因遗传信息在受孕时已经基本决定,固定储存于生殖细胞中,通过有性生殖而传递。而神经元遗传则是指通过神经系统传递行为上获得的信息。神经元信息的积聚和修改贯穿一生,编码于神经元的分子和细胞特征中,这符合拉马克(Lamarck)的进化观——神经元活动的增强能够强化突触连接(synaptic connections),并增加突触连接的数量,神经元活动的减弱会导致突触的丧失。虽然神经系统的组织和发展的基本蓝图由个体的基因组提供,但是,内在和外在的刺激会深深影响神经系统的发展、结构和功能。人类进化一开始的速度和节奏主要由基因遗传机制决定,但是,在更新世早期(early Pleistocene),技术革新和物质文化发展的速度表明,神经元机制发挥作用的可能性极大。有证据显示,直到更新世早期才出现多种人科物种共存的现象,这可能是这些物种之间对资源的竞争导致大脑竞争性发展的结果。简言之,神经元遗传主要受环境和文化因素的影响。通过神经元遗传,不仅能将遗传信息传递给后代,也能传递给群体成员,而且,神经元遗传对传递的信息具有选择性,传递信息所需的时间相对于基因遗传而言更短。

由此可见,文化进化无疑与神经元遗传信息密切相关。文化水平的提高可以通过神经元遗传给群体和下一代。文化进化中的选择机制是行为选择,包括各种形式的学习,或多或少都是有意识的(Portin,2015)。Morgan 等人就奥杜韦工具制造(Oldowan tool-making)运用不同的传播机制(包括模仿、手势教学和言语教学)对 184 名成年人进行实验,发现教学(尤其是言语教学)相对于模仿能够提升传播的效率(Morgan et al.,

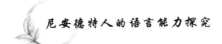

2015)。实验结果暗示,基于模仿的传播模式忠实性低(low fidelity),这可能是奥杜韦石器技术(约 250 万年前)在随后 70 万年时间里停滞不前的原因。即便存在少量的创新,但因传播模式的低效,难以扩散而消失,而与模仿相比,教学具有选择优势,教学或者原型语言(protolanguage)可能是后来阿舍利石器技术产生的前提条件。

在基因为生物某个特征的进化奠定基础的情况下,该特征的最终产生可能更多的是文化因素作用的结果。有关模型研究显示(Thompson et al.,2016),即便是将具有微弱倾向的生物特征(包括语言)输入贝恩斯模型(Bayesian Models),该特征也会在文化因素的放大效应下发展成为群体层面的稳定特征,这表明即使是当前显著的普遍特征也不意味着存在很强的天赋因素。如果我们抛弃 Chomsky 等人的观点——语言的进化只涉及基因突变而其他变化只属于语言的历史变化,那么,就不存在所谓语言进化和语言变化之分,语言的变化应该贯穿整个语言的进化过程,当今的语言依然处于进化过程之中。基于这种认识,文化对语言进化的影响已经获得了大量来自语言实证研究的证据。例如,Pagel(2017)运用种系发生统计方法(phylogenetic statistics)对太平洋南岛语、班图语和印欧语言进行了溯源研究,统计分析结果显示,那些具有丰富分裂历史的语言与发生分裂事件较少的语言相比,背离原始语言的程度更大,这可能是因为在那些具有丰富分裂事件的语言的进化过程中,多种因素发挥了作用,加速了变化的步伐,比如,在文化变化的时期,新的群体通常会主动改变其语言以示与邻近群体的区别。Lupyan & Dale(2010)把人口统计学和语言结构特征数据库(The World Atlas of Language Structures)结合起来,针对语言的形态(morphological)特征与人口、社会历史等因素之间的关联,对 2000 多种语言进行统计分析,结果发现,语言形态的复杂程度与语言使用者的数量、语言使用的地域广度、语言之间接触的程度等因素存在重大关联:群体越大,他们使用的语言的屈折形态变化(包括格标记、动词形态变化等)越简单,而且,他们在编码实据性(evidentiality)、否定、体、所有(possession)等概念时越倾向于应用词汇手段,而不是屈折形态;成人在学习语言过程中也越倾向于过滤掉难学的语言特征,而不是将之传递给后代。相反,群体越小,其语言形态的复杂程度越高,且倾向于增加冗余因素,这反而可能有利于促进幼儿的语言学习。从语言的结构而言,语言结构的产生是语言学习要求的压缩性(compressibility)和语言表达要求的表达性(expressivity)两种压力平衡的结果,而这两种压力如何平衡则完全取决于社会文化,即语言结构是文化选择的结果(Kirby,et al.,2015)。

简言之,鉴于基因和文化之间密切的相互作用,语言进化应该是两者协同进化的结果。在语言能力就位的前提下,语言复杂性的提升可能与文化因素的关系更为密切。就尼安德特人而言,考虑到其脑容量不亚于现代人的脑容量(Rightmire,2004;Tattersall,2010),其与现代人类共有的一些和语言相关的重要基因(Somel et al.,2013),其高水平的文化(Lieberman et al.,1971:221)及直立人时期已经具有某种形式的语言

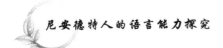

(Everett,2017)等这些特征,使研究者有理由相信尼安德特人已经拥有较为复杂的语言。

## 第四节　语言进化的轨迹

要探索语言的进化过程,首先必须认识到语言作为交际系统不是一个单一的系统,而是一个多模态的整合系统(an integrated multi-modal system)。语言的多模态系统观已经成为许多学者的共识(Gillespie-Lynch et al.，2013，2014；Vigliocco et al.，2014；Levinson et al.，2014；Goldin-Meadow，2014；Liszkowski，2014；Özyürek，2014；Skipper，2014；Monaghan et al.，2014；Imai et al.，2014)。简言之,语言的多模态指的是语言不仅包括发声成分,也包括手势成分(这里的手势统指躯体、头、面部、眼睛、手的运动,主要指手的运动)(Levinson et al.，2014)。迄今,有大量证据表明,语言交际是一个包含发声和手势的整合系统。从儿童语言习得过程来看,儿童以交际性手势指示物体的行为先于用语言符号来指示物体。随着年龄的增长,儿童使用语言符号的比率逐渐增加(Gillespie-Lynch et al.，2013),而伴随语言的手势对儿童学习语言起着促进作用,早期的手势运用能够预测将来词汇量的大小(Rowe et al.，2009),早期言语和手势的组合运用则能够预测双词话语的表达(Özçalişkan et al.，2005)。究其原因,儿童能够从交际行为本身的多模态暗示中系统地提取信息

（Liszkowski，2014）。从言语能力障碍的角度而言，聋哑儿童群体可以自发产生手语，如尼加拉瓜手语（Nicaraguan Sign Language）（Senghas et al.，2001）。天生的盲人在交谈中会不由自主地使用手势，尽管他们从未见过任何手势（Iverson et al.，2001）。从成年人的语言使用来看，他们的语言通常伴随着手势（McNeill，1992），而且，在具体情况下可以灵活地使用不同的交际模态。当要求不能使用言语时，他们会自发使用有序列结构的手势进行交际（Goldin-Meadow et al.，1996）；相反，在不能使用手势的情况下，他们言语的意象内容会急剧减少，言语会变得有些犹豫，这也进一步证明了手势是语言系统不可分割的组成部分（Levinson et al.，2014）。就神经基础而言，言语和手势表达的语义信息在相同大脑区域加工（Skipper et al.，2007；Willems et al.，2007；Özyürek，2014）。手与口的运动受制于密切相关的大脑运动皮层（Aflalo et al.，2006），而且，手与口的运动之间的密切关联也见证于猴子的大脑运动皮层（Graziano et al.，2007）。不仅如此，制约猴子目标导向性的手动传递式运动的大脑区域对应于人类的镜像神经元系统，而这一系统是人类加工语言的重要区域（Rizzolatti et al.，2004）。这表明发声的语言和原先已经存在的手势交际模式可能经历了长达百万年的协同进化，以至两种模态深度关联（Levinson et al.，2014）。

　　如果语言是由手势和发声构成的一个整合系统，那么，这对于探索语言进化的轨迹无疑会产生重要的启示，即手势交际和发声交际构成一个连续体（continuum），语言进化过程涉及

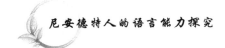

从手势主导的交际到发声主导的交际的迁移过程。在 7 万—8 万年前人猿分离之时,人类祖先的交际系统可能与其他灵长目动物的交际系统相似,主要以手势交际为主,并体现多模态交际的趋势。现有非人类灵长目动物的相关研究为此提供了证据。Gillespie-Lynch 等人(2013,2014)为了弄清非人类灵长目动物交际和人类交际在发展过程中的异同,对 3 个对象的交际形式进行了跟踪比较。这 3 个对象分别为:黑猩猩、倭黑猩猩、人类幼儿。黑猩猩和倭黑猩猩都生活在人类的语言环境中。在跟踪研究之初,这 3 个对象的年龄都在 1 岁左右。跟踪研究结果显示,三者一开始都使用大量手势,而且,手势在形式和功能上都十分相似,随着年龄增长,3 个对象使用抽象符号的比率逐渐增加。由于黑猩猩和倭黑猩猩的发声能力受限,它们使用的抽象符号是图形字符(lexigrams),而人类幼儿使用的抽象符号是言语单词。图形字符和单词具有共同的特征,那就是,它们都是抽象符号,脱离于具体的情境。人类幼儿与黑猩猩和倭黑猩猩在发展过程中体现的差异主要是幼儿增添陈述性(declarative)和像似性(iconic)手势,以及使用抽象符号(言语单词)的比率增长更快。上述跟踪研究的结果可以给予我们如下启示:第一,由于黑猩猩、倭黑猩猩和人类有共同的祖先,因此,他们共有的交际特征很有可能是其祖先也具有的特征。也就是说,他们共同的祖先以手势交际为主,能够学习大量手势,包括指向(pointing)(Gillespie-Lynch et al.,2014:6),而且,体现向多模态交际转变的趋势。第二,人类幼儿在发展过程中体现的交际差异表明,在人猿分离之后,人类祖先使用多模态交际(尤其是手势加发声)以及陈述性和像似性手势的能力得到了提升(Gillespie-Lynch et al.,2014:6),这自然与基因突变、大脑进化、认知能力提升和发声能力增强密切相关。

多模态交际形式不仅见于人类圈养的非人类灵长目动物的手势和图形字符的组合使用,也体现在自然状态下非人类灵长目动物的手势和发声的兼用。虽然现有的非人类灵长目动物的交际以手势为主,但是,它们的发声交际也是不可或缺的组成部分。有关黑长尾猴(vervet monkeys)叫声的研究(Seyfarth et al.,2003)发现,它们能够针对3种不同的掠食者(豹、鹰和蛇)发出3种不同的警报声(alarm calls),听到叫声的个体能够根据不同叫声做出不同的恰当反应。因此,警报声被认为含有信息指示功能(referential information)。而且,从信号接收方而言,信号的准确理解与经验有关,因为年长的个体比年幼的个体所犯的错误更少(Seyfarth et al.,2010)。从狒狒的发声交际来看(Seyfarth et al.,2017),听到叫声的个体能够评估发出叫声一方的交际意图,能够预测个体叫声及其随后行为之间的关系,并基于评判发声者的意图做出适当的反应。听者在评估叫声意义过程中整合了多种信息资源,包括叫声类型、发出叫声一方的身份地位、之前发生的事件、发声者和听者与其他个体的关系。而且,狒狒能够学习识别任何新的个体的叫声,并根据新的个体的地位和亲属关系赋予叫声以意义。因此,狒狒的交际涉及多种信息资源的整合和语用推理,其交际系统与语言系统已经拥有某些共同的特征,即离散性、组合性、规则制约性和开放性(Seyfarth et al.,2014,2017)。Seyfarth &

Cheney(2017：82)以此推测,人类祖先的交际系统可能具有这样的特征:相对较小的叫声库存,具有有限的语义和句法,却是一个丰富的意义系统,以社会知识和语用推理为基础。在语言产生之前,自然选择青睐具有离散组合性的思维以及复杂的语用推理的个体,因为它们有形成和维持社会关系的交际能力,有根据自身经验获取其他个体之间关系的认知能力。

虽然非人类灵长目动物具有发声交际能力,但是,这并非表示语言从它们的发声信号直接进化而来(Smit,2016：164),否则,我们难以回答为何非人类灵长目动物至今没有进化出语言。因此,我们必须关注它们的交际与语言交际的重大区别。就非人类灵长目动物而言,无论是手势交际还是发声交际,其主要功能都是指示功能,而且,受情境限制,主要涉及"此时此地",而语言的主要特征包括移位特征(displacement)和符号的规约性。因此,语言进化研究必须考虑不同性质符号的演化过程。谈及符号的演化过程,美国哲学家皮尔斯(Pierce)的符号理论可以作为语言进化的有效模型,尽管该理论与语言进化并非直接相关。

根据皮尔斯的符号理论,符号(signs)分为 3 类:指示符号(indexes)、像似符号(icons)和抽象符号(symbols)。符号指的是一种形式(诸如单词、气味、声音、街道标识、摩尔斯代码)和一种意义的配对。指示符号反映形式与其所指的实际物理性联系,如猫的脚印"指示"猫的存在,烟"指示"火的存在;像似符号则基于形式与所指的物理像似性激发所指,如拟声词能够激发像似的声音;抽象符号则涉及形式和所指之间的规约性联系,如语言中的绝大多数单词(Everett,2017:16-17)。语言的进化过程应该是符号的渐进演化过程,从指示符号到像似符号,最终达到抽象符号(Everett,2017:6-7)。那么,这种渐进演化过程是如何实现的呢?

Számadó & Szathmáry(2006)认为,任何一种理论如果要解释语言的起源,必须满足四个要求,即诚实性、根基性、概括性和独特性。诚实性指的是理论能够解释参与者之间不存在利益冲突。根基性指的是理论能够解释潜在的词语扎根于实际,换言之,被命名的物体或概念不仅可以通过发声方式来指示,也可以通过其他方式(如指向)来指示。概括性指的是理论必须能够解释交际为何变得越发复杂。独特性指的是理论必须能够解释为何其他处于类似环境下的动物最终没能进化出语言。符合上述要求的一种合理假设是,语言进化的背景可以追溯至 200 万年前左右人属物种在狩猎前的交际活动。迄今为止,已有大量证据表明,大约 280 万年前全球气候变得普遍寒冷,非洲干冷的气候导致了热带草原的蔓延,从而导致哺乳动物种群发生变化,适应新环境的物种获得了自然选择(Bobe et al.,2002;Alemseged,2003;Fernandez et al.,2006)。在图尔卡纳湖盆地(Turkana Basin)动物种群曾经发生过 4 次巨大变化,这 4 次变化分别发生于 340 万—320 万年前、280 万—260 万年前、240 万—220 万年前和 200 万—180 万年前(Bobe et al.,2004)。因此,那些适应树栖或类似环境的动物种群在 200 万—180 万年前几乎灭绝,而 100 多万年前的直立人置身于广袤的草原环境之中,所以,直立人以细长的身体适应了干

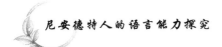

热的环境和远距离奔跑（Bramble et al.，2004）。栖息地环境的变化也伴随着饮食的改变，肉食成为饮食中的主要成分。虽然关于早期人属物种的肉食来源存在争论，比如 Bickerton（2014）和 Ferraro 等人（2013）认为食腐是肉食来源的主要方式。Bickerton（2014）甚至把食腐视为合作性行为和原型单词（proto-words）产生的基础。但是，这种观点受到许多学者的质疑——食腐可能只是古人类食物来源的一部分（Clark，2011），而且，食腐难以成为合作性行为和原型语言产生的根本动因（Arbib，2011）。相反，已有大量证据显示捕猎是肉食的主要来源（Számadó，2010）。这些证据包括：捕猎石器的使用，被食动物的骨头上的切割痕迹，以牛科动物身体为固有宿主的一些绦虫迁移至古人类体内，古人类体内与大量肉食饮食相关的碳同位素 4（C₄）的高比率，古人类（如直立人）对长距离持久奔跑的适应，狩猎使用的武器（如长矛）化石的发现，与人类有共同祖先的黑猩猩作为捕猎能手且不食腐的事实（Számadó，2010）。虽然这些事实中的任何一个单一事实不足以成为充分证据，但是，这些事实累加在一起便"强有力地表明……合作捕杀猎物可以追溯至 260 万年前，早在直立人时期就已开始捕杀大型猎物"（Számadó，2010：370）。而且，Roach & Richmond（2015）基于图尔卡纳湖附近发掘的直立人化石的测量数据，发现与其他灵长目动物相比，他们肩部的解剖结构已经发生变化，与现代人类肩部结构没有差异，这种解剖结构适合于高速、有力且准确的投掷行为，为近 200 万年前的捕猎活动增添了证据。那么，直立人时期的捕猎是如何推动语言进化的呢？这与狩猎前的交际活动相关。捕猎的成功难以凭借个体的单独行为，狩猎的成功率与合作性群体的大小相关（Gilby et al.，2006）。因此，狩猎前召集（recruit）个体进行群体合作成为必要的途径，要召集个体，就离不开交际活动。

交际形式在一开始可能不是"单词"（Számadó，2010：371；Everett，2017：1），而是指示符号（indexes）。在捕猎的对象不在视线范围之内的情况下，为了让其他成员了解将要捕杀的对象的特征，很有可能用猎物身体的某个部分来指示意欲捕杀的猎物，比如，鹿角可能是最早的"单词"替代物之一，因此，鹿角就体现出指示性（indexical）交际功能，而当身边没有鹿角且需要区别不同猎物的情况下，这就自然产生了精确模仿的选择压力（Számadó，2010：371）。自从古人类开始直立行走，双手获得了自由，而基因突变和自然选择的相互作用促进了大脑的进化，这为模仿能力的进化奠定了基础，而群体大小和信息共享的需求无疑为符号从指示性过渡至像似性起到了推动作用。在许多手语中，表示蹄类哺乳动物的相似符号都来源于对这些动物的角的形状的模仿（Számadó，2010：371-372）；即使是在现代人类的交际中，也会经常用手势来模仿所指的形状、大小等特征。像似符号的选择优势在于有助于使交际摆脱"此时、此地"的限制，获得移位（displacement）特征，从而指示时空上遥远的事物，推动概念指称（conceptual reference）认知能力的发展，当然，像似符号存在不同的抽象程度，一开始可能是更直接、模仿程度更高的符号（Perniss et al.，2014：2-3）。那么，这种模仿程度高的像似符号是如何提升抽象程度而最终发展成

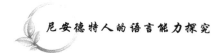

为规约性的抽象符号(symbols)的呢？像似符号的使用以及社会文化结构复杂化的提升都促进了概念能力的发展，从而促进了从感觉运动经验中进行抽象的能力的发展，而反复使用像似符号会导致信号的简化和仪式化(ritualization)，最终产生高度抽象的规约化符号(Perniss et al.，2014：5)。一旦抽象符号产生，像似符号的使用概率就会大大降低，因为抽象符号提供了另一种选择，而且体现出相对于像似符号的极大优势，即能够通过无限组合产生无限的意义。Roberts，Lewandowski & Galantucci(2015)的实证研究为此提供了证据。他们的出发点基于交际系统面临的两种矛盾性压力：一种是传播效率(transmission efficiency)的压力，即要求信息简单、易于表达和感知；另一种是指称效率(referential efficiency)的压力，即信息传达的意义易于理解。第一种压力的解决方案就是组合性，将有限的无意义形式通过反复组合而产生无限意义；第二种压力的解决方案就是像似性，利用像似符号指称相应的物体。他们通过控制所指对象的像似性程度，要求被试通过电脑进行视觉交流。实验结果显示，当需要表达的概念能够借用像似符号时，被试在交际中就会使用像似符号，而当概念难以用像似符号表达时，他们就会使用非像似性符号的组合方式来表达。因此，我们可以推断，随着古人类概念能力的发展，越来越多的概念难以借助像似符号来表达，因此，一旦抽象符号产生，就会取而代之成为主导的交际符号。需要澄清的是，语言进化过程并非在手势规约化符号形成之后嫁接到发声系统的，换言之，规约化符号(或抽象符号)在手势和发声两种模态中协同进化。

这是因为,一方面,手势交际的有效性只限于可视的环境中,存在多方面局限性,这就为交际模态的进化形成了选择压力。另一方面,从直立人时期起,发声器官也一直处于进化过程中。例如,直立行走导致了随后一系列与发声相关的适应或扩展适应性特征,包括喉部连同舌骨(hyoid bone)的下降、气囊的消失、呼吸自主控制能力的提升以及声道比例的最佳化(Maclarnon,2012),而一些基因突变(如 FOXP2)也涉及口和面部运动的控制,促进言语的发展(Enard,2011)。灵长目动物比较研究显示(Kumar et al.,2016),现代人类的喉部运动皮层(laryngeal motor cortex,LMC)虽然与猕猴的相应皮层存在相似之处,但是,人类的喉部运动皮层与躯体感觉皮层、顶下皮层的连接程度几乎高出猕猴 7 倍,这种连接程度的增强为高级感觉运动、本体和触觉的反馈、调节发声学习等之间复杂的同步性提供了基础,为言语表达创造了条件。鉴于发声交际相对于手势交际的多方面优势,包括夜间交际、远距离交际、低能耗,手获得更多自由而可以从事其他活动等(Corballis,2012),可以说随着直立人之后发声系统的不断进化,交际系统从手势主导逐渐过渡至发声主导。需要特别强调的是,贯穿语言进化整个过程的不可或缺的因素就是教学活动。自从两三百万年前古人类开始制造和使用工具开始,教学活动就已经存在(Smit,2016:170),而教学活动对文化的传承至关重要(Morgan et al.,2015)。

上述语言进化路径的假设能够满足 Számadó & Szathmáry(2006)有关语言进化理论的诚实性、根基性、概括性

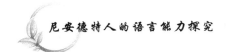

和独特性的要求。就诚实性而言，规约性交际系统的进化要求
信号发出方和信号接收方没有利益冲突。任何在狩猎过程中
故意发出错误信号的行为都会影响狩猎的成功，这有损于任何
参与者个体的利益，因此，狩猎过程中的共同利益确保了交际
的诚实性。从根基性而言，通过非人类灵长目动物和人类共有
指示性(indexical)交际行为可以推断其共同祖先已经具有指
示性交际能力。自从人猿分离之后，由于基因突变、自然选择
和文化因素等共同作用，古人类的大脑获得进化，认知能力获
得提升，模仿能力增强，加之发声器官的不断进化，为多模态的
像似符号的产生奠定了基础。而像似符号的反复使用和概念
能力提升的相互作用会导致符号的规约化，从而产生抽象符
号。随着发声系统的不断完善，鉴于发声抽象符号相对于手势
抽象符号的巨大选择优势，交际系统便从手势主导过渡至发声
主导。从概括性而言，古人类的交际系统之所以变得越发复
杂，是因为协调群体狩猎的需求。"合作狩猎的最大要求就是
在时间和空间上协调与其他狩猎者之间的行为。"(Boesch,
2002：37)考虑到一百多万年前古人类置身于广袤的草原，捕
猎大型猎物对狩猎过程中的角色的分配和合作行为产生了极
大的选择压力，这为模仿能力的发挥、像似符号的产生形成了
巨大的推动力。"通过模仿表达意欲捕杀的猎物、交流个体的
经验、协调捕猎角色，为古人类协调群体狩猎提供了工具"
(Számadó, 2010：373)。从独特性而言，既然其他动物也有群
体性捕猎的模式，而且，黑猩猩在群体捕猎过程中还出现角色
分配的现象，为何它们的交际系统最终没有进化成语言呢？任

何一种有效的进化理论都必须解释古人类相对同时期存在的其他灵长目动物所具有的独特性（姚岚，2018）。根据 Számadó（2010：374）的解释，原因包括 4 个方面：第一，其他物种没有强烈的选择压力；第二，古人类的捕猎行为是一种文化适应，古人类不同于其他肉食动物，是一种杂食性物种，因此，捕猎并非等同于寻找食物，换言之，要捕猎就需要有特别的信号；第三，对于其他肉食动物，捕猎没有可供选择的策略，而古人类有多种可供选择的捕猎策略来协调群体捕猎行为；第四，与其他肉食动物相比，古人类已经具有了必要的认知基础和模仿技能，其交际系统已经具有指示性和像似性的基础。但是，Számadó（2010）提供的解释并不充分。首先，如果说古人类是杂食性物种，且捕猎并非等同于觅食，那么，这对于黑猩猩而言也是如此。此外，如果说古人类有更多的捕猎策略和更加发达的认知能力及模仿技能，那么，这些能力从何而来？因此，要解释为何只有古人类的交际系统最终进化成语言，必须考虑自然选择和基因突变的双重作用。确实，100 多万年前非洲的草原环境为古人类群体合作性狩猎中交际能力的进化产生了选择压力，但是，这种选择压力可能也并非唯独古人类必须面临的，如果没有基因突变和自然选择的相互作用导致古人类大脑的进化和认知能力的提升，即便面临这样的选择压力，也不可能驱动交际系统的进化。

　　如果直立人时期就已经出现了某种形式的语言（Számadó，2010；Everett，2017），那么，这无疑为尼安德特人具有有声语言增添了证据。尽管直立人的发声系统存在局限性，但是，这不排除直立人存在有限的有声语言（Maclarnon et

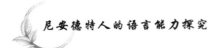

al.，2004），只是他们使用有声语言的比率较低而已（Everett，2017：10）。既然直立人已经具有协调群体狩猎行为的交际系统，那么，对于随后的人属物种（包括海得堡人、尼安德特人和智人）而言，他们的交际系统无疑更加复杂（Számadó，2010：376）。考虑到 *FOXP2* 两个氨基酸的置换是尼安德特人和现代人类共有的特征，且对大脑皮层与基底神经节（basal ganglia）之间的神经通路产生了积极而重大的影响，有利于发声学习和语言习得（Enard，2011），再考虑到现代人类具有的声道可能在 140 万年前至 60 万年前之间产生（Levinson et al.，2014：2），以及人猿分离之后人类祖先发生的与听觉相关的一些基因变化（如 *EYA1* 基因）（Abdelhak et al.，1997；Vervoort et al.，2002），没有理由否定尼安德特人拥有更为复杂的有声语言。

# 第八章 总 结

　　与现有的任何物种相比,人类拥有语言无疑是人类区别于其他物种的一个重要特征,因此,语言的进化过程一直以来都是人类孜孜探索的有趣而神秘的领域。正因为语言是当今世界唯一物种(即人类)具有的特征,因此,其他已经消亡的物种(尤其是人属物种)是否拥有语言一直是探索的焦点。由于尼安德特人(以及丹尼索瓦人)与现代人类拥有最近的共同祖先,尼安德特人是否拥有语言便成为焦点中的焦点。

　　人类语言的主要载体是声音,有声语言的生理基础是发音器官,因此,尼安德特人是否具有现代人类的发音器官成为探索尼安德特人语言能力的重要组成部分。有关尼安德特人颅骨和声道解剖特征的研究(如 Boë et al.,2002;Arensburg et al.,1990)显示,尼安德特人与现代人类的颅底、舌骨、喉部位置、咽腔大小、喉上声道与现代人类的相应结构没有显著差异,这说明尼安德特人要发出现代人类的言语不存在发声解剖结构上的限制。虽然现代人类的发音器官不是语言的必要条件(Everett,2017:9),因为手语也被公认为一种自然语言,但是,如果尼安德特人具有与现代人类相同的发声解剖特征,这至少

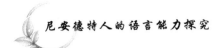

说明尼安德特人要发出现代人类的言语不存在发声解剖特征上的障碍。用 Boë 等人(2002:481-482)的话说,如果尼安德特人不会说话,那也根本不可能是发音器官的局限导致的。

如果说发音器官是表达有声信息的重要解剖基础,那么,能否理解有声信息则依赖于听觉解剖特征,主要与外耳和中耳的解剖结构相关。言语表达的信息,就声学特征而言,主要在2000—4000 赫兹的范围内,这确保了言语交际的清晰度(Martínez et al.,2004,2008)。在西班牙胡瑟裂谷发现的古人类既具有海得堡人的许多形态特征,也具有尼安德特人的派生特征(Martínez et al.,1997)。通过 3D-CT 扫描技术研究发现,这些古人类的外耳和中耳解剖结构与现代人类的相应解剖结构相吻合,能够感知 3000—5000 赫兹范围内的声音(Martínez et al.,2004)。虽然尼安德特人的中耳的听小骨与现代人类的听小骨存在一定的差异,但是,这些差异都在现代人类相应的听小骨的正常变化范围之内,只是尼安德特人的这些特征在现代人类中出现的频率相对较低(Quam et al.,2008),因此,即使他们的听觉与现代人类的听觉并非完全相同,也非常相似(Dediu et al.,2013:6)。

语言的产生与大脑进化密切相关。大脑的进化促进了认知能力的总体提升。与认知能力相关,大脑的容量是一个重要参考指标。与现代人类的大脑相比,尼安德特人的脑容量甚至更大(Rightmire,2004;Tattersall,2010)。鉴于大脑的额叶皮层与语言能力密切相关,而且,大脑皮层是按比例扩展的(Gabi et al.,2016),这意味着脑容量越大,所含的神经元数量越多。

当然,脑容量并非判断大脑发达程度的唯一指标,神经元之间复杂的联系可能更为重要(Reyes et al.，2015；Hublin et al.，2015)。尼安德特人与现代人类共有的一些基因突变(如 *PCDH*11*X/Y*，*SRGAP2*，*FOXP2*)都与神经通路的进化相关,其中 *FOXP2* 的两个氨基酸置换尤为重要,因为 *FOXP2* 的两个氨基酸置换对于大脑皮层与基底神经节(basal ganglia)之间的神经通路产生了积极而重大的影响,有利于发声学习和语言习得(Enard,2011)。而且,人类 *FOXP2* 植入鼠类的研究(Schreiweis et al.,2014)和人类 *FOXP2* 突变导致的失语症研究(Johansson,2013)都验证了其与程序性学习和句法加工的联系。*FOXP2* 两个氨基酸的置换是现代人类和尼安德特人共有的特征,这为尼安德特人神经通路的复杂性和信息加工能力(甚至是一定的句法能力)提供了依据。

从抽象思维能力而言,按照 Tattersall(2014)的观点,语言的本质是抽象符号的思维能力。因此,有无抽象符号的运用能力成为检验一个物种有无语言能力的指标之一。虽然针对尼安德特人能否使用抽象符号存在争议,但是,已有明确证据显示,尼安德特人具有使用抽象符号的能力,包括壁画和雕刻(Zilhão，2007；Rodríguez-Vidal et al.，2014；Pike et al.，2012)、装饰品(Zilhão，2007；Peresani et al.，2011；Morin et al.，2012)、火的使用(Zilhão，2007，2012；Mazza et al.，2006)、颜料的使用(Zilhão et al.，2010；Langley et al.，2008)、丧葬仪式(Langley et al.，2008)。虽然与现代人类相比,尼安德特人使用抽象符号的证据可能相对较少,并不普遍,但是,这并不是

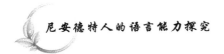

否定其拥有使用抽象符号能力的证据,因为即使是某些现代人类群体(如塔斯马尼亚人),他们留下的抽象符号证据也十分匮乏(Johansson,2013:56)。尼安德特人使用抽象符号的行为也不是从现代人类那儿"剽窃"的结果(Zilhāo,2010)。

探索尼安德特人语言能力的另一个重要切入点就是尼安德特人与现代人类之间的基因交流。虽然早些时候的一些研究否定两者之间存在基因交流(如 Weaver et al.,2005;Serre et al.,2004;Currat et al.,2004;Noonan et al.,2006;Hodgson et al.,2008),但是,越来越多的证据显示尼安德特人和现代人类之间存在基因交流(如 Green et al.,2006;Briggs et al.,2009;Sankararaman et al.,2012;Wall et al.,2013;Prüfer et al.,2014;Vernot et al.,2015;Kim et al.,2015;Fu et al.,2014,2015;Kuhlwilm et al.,2016)。尼安德特人与现代人类之间复杂的基因交流对于尼安德特人的语言能力而言有重要启示:如果尼安德特人与现代人类杂交产生的后代没有语言能力,那么,从后代成功繁殖的角度而言,这几乎是不可能的,因此,两者杂交产生的后代应该具有语言能力,这就说明要么尼安德特人具有语言能力,要么相关基因的杂合使得语言能力成为可能。但是,来自 *FOXP2* 的相关证据不支持后一种可能性,因为父母一方的 *FOXP2* 突变产生的语言障碍也体现在后代,所以,只要尼安德特人与具有语言能力的现代人杂交,就意味着尼安德特人也具有语言能力(Johansson,2013:51)。尼安德特人与现代人类之间的基因交流也为尼安德特人的灭绝提供了有效的解释,那就是,杂交后代所含的有害的尼安德特人基因在进化过程中通过自然选择而被逐渐净化，使得尼安德特人的大量特征逐渐消失，即从基因交流角度而言，尼安德特人并未完全消失，只是被现代人类逐渐"同化"而已（Harris et al.，2017）。

为了弄清尼安德特人有无语言能力，从人类语言本身着手深入探索语言的本质特征也是一条十分有益的途径。按照Chomsky 等人的观点，语言的本质特征是递归句法运算系统（或称合并运算系统），而且，该系统是因为5万—10万年前基因突变而突然产生的（Berwick et al.，2016）。这种观点的问题在于，一次基因突变导致如此巨大的变化令人质疑（Diller et al.，2013；McMahon et al.，2013），同时，句法递归并非是语言的普遍特征（如 Pirahā 没有句法递归特征）。不仅句法递归不是语言的普遍特征，而且，语言的许多其他特征，包括动宾约束（Verb-Object constraints）、CV 音节、音素组合的倾向性、名词的数、特殊疑问词位移规则、成分结构（constituent structure）、词类、句法特征等也都不是语言的普遍特征。就 Chomsky 等人强调的句法运算而言，正如 Everett（2017：9-10）所言，复杂的语法结构并非人类语言所必需的。如果我们抛弃语言本质特征是递归句法运算及其相关的层次成分结构，我们就会获得自由来思考语言是否有最基本的且普遍的特征这一问题。我们认为语言存在最基本的普遍特征，那就是线性序列结构（linear sequential structure）。语言学、心理学、认知神经科学和语言习得运算模型等研究成果显示，所谓成分结构是从线性序列结构派生而来的。如果线性序列结构是语言的最基本特征,那么,这对语言进化有着重大启示。鉴于某些物种(如某些灵长目动物和鸟类)也有一定程度的序列加工能力,因此,我们需要解释的就是古人类为何获得了相对更加发达的序列加工能力。在古人类身上发生的一些基因突变与序列加工能力的提升密切相关。例如,人猿分离之后古人类发生的 $PCDH11X/Y$ 基因对的突变对大脑的侧化产生了深远的影响(Priddle et al.,2013a,2013b),布洛克区的 BA44 左侧化及其与后颞皮层之间的背侧通路对加工自然语言的句法起着关键作用(Friederici,2017),而且,$FOXP2$ 不仅与发声学习有关,也有助于促进序列自动化的程序性学习(Schreiweis et al.,2014)。$PCDH11X/Y$ 基因对的突变和 $FOXP2$ 两个氨基酸的置换是尼安德特人和现代人类共有的特征,因此,可以推断尼安德特人具有相当高水平的序列加工能力。复杂语法(Everett,2017:9-10)和递归结构(Evans et al.,2009:442-443)并非人类语言的必要条件,因此,尼安德特人完全有可能具有某种序列结构的语言。况且,根据 Reali & Christiansen (2009)联通主义模型的推演结果——序列加工能力在经历不足 100 代之后就会发展出词组结构语法能力——在从尼安德特人与现代人类分离直至尼安德特人消亡至少 70 多万年的漫长时间里(Rogers,Bohlender et al.,2017),从理论上说,尼安德特人足以从序列加工能力进化出句法递归能力。

语言进化研究涉及众多争议,包括:语言进化究竟是一个连续的过程还是语言是突发产生的? 语言进化是不是交际适应? 语言进化归功于基因突变还是文化因素? 对于坚持语言进化突发论的学者,他们关注的是人类语言和现有动物交际系统的巨大差异,因此,他们将语言的产生归因于基因突变。这种观点的问题在于,一方面没有考虑已经消亡的人属物种是否具有一定的语言能力,另一方面没有充分证据表明一次基因突变能够产生如此巨大的差异。坚持语言进化连续论的学者强调物种进化的渐进性,拥抱的是达尔文的自然选择论,轻视了基因突变的作用。如果没有基因突变,我们将难以解释为何其他物种(尤其是非人类灵长目动物)至今没有进化出人类的语言。因此,毋庸置疑,语言的进化是基因突变和自然选择共同作用的结果,基因突变导致的结果未必是巨大飞跃,也可能是小步跳跃,自然选择作用于基因突变产生渐进变化。因此,语言进化涉及小步跳跃和渐进变化的交织过程。至于语言进化是不是交际适应,我们不能一言以蔽之。如果直立人时期的狩猎活动对提升交际能力产生了选择压力,那么,可以说从那时起语言从整体而言已经体现交际适应。但是,就语言的具体成分尤其是递归句法运算而言,我们无法断言它何时体现交际适应,毕竟现有的某些语言也没有句法递归特征。句法递归有无交际适应,何时体现交际适应,必须与具体物种及其生存环境和文化联系起来。对于没有句法递归特征的语言而言,句法递归就因为操持这种语言的群体的环境和文化等因素而没有体现出交际适应。从语言进化的连续论和突发论之争可以看出,强调基因突变和文化因素中的任何一方而忽视另一方都是片面的。基因和文化关系密切,两者协同进化,这已经成为基本共识。诚然,基因突变对大脑进化和其结构的重组至关重要,但是,不仅文化本身可以导致基因突变,而且,文化导致的行为特征的变化也可以通过神经元系统遗传给后代。当然,在基因突变奠定生物基础的情况下,文化因素对语言进化的作用更大,这也是语言多样化的根源所在。

　　语言是一个多模态系统,包括手势和发声两个子系统。语言进化过程是一个从手势占主导向发声占主导变化的过程。在此过程中,交际使用的符号也从指示性符号过渡至像似性符号,最终过渡至抽象符号。非人类灵长目动物虽然以手势交际为主,但是,其发声交际也是不可或缺的组成部分,而且,它们具有使用多模态交际的倾向。这暗示人类与非人类灵长目动物的共同祖先也可能以手势交际为主并体现多模态交际的倾向性。由于非人类灵长目动物的交际以指示性交际为主,且受限于"此时此地",因此,语言进化理论必须解释古人类交际如何摆脱指示性交际而获得移位特征(displacement)。迄今为止,有大量证据表明,在 100 多万年前的非洲气候发生了巨变,干燥的气候和草原的蔓延,给古人类的狩猎带来了挑战,群体合作性狩猎成为成功狩猎的必要条件。因此,狩猎前的交际活动至关重要,因为它涉及捕猎对象描述和个体在捕猎过程中的角色分配,这就要求交际符号必须脱离"此时此地"的限制,即从指示性符号发展到像似性符号。基因突变和自然选择的相互作用提升了古人类的模仿能力和学习能力,这使得像似符号的使用成为可能。像似符号的使用表明交际系统已经处于语言系统的边缘(Levinson et al.,2014:3)。自直立人起,发声系统处于不断进化过程之中,因此,像似符号的使用可能是多模态的,不仅见于手势,也见于发声系统。鉴于像似符号的使用和概念能力发展之间的相互促进作用,加之教学能力的发展,越来越多的概念难以借助像似符号来表达,于是,规约性的抽象符号便应运而生。由于抽象符号相对于像似符号能够表达更复杂的概念,抽象符号一旦产生,其取代像似符号便成为必然的趋势(Roberts et al.,2015),而且,随着发声系统的进化,抽象符号在发声模态中的运用相对于在手势模态中的运用体现出巨大的优势,以手势为主导的交际形式便向发声为主导的交际形式转变。虽然直立人时期的发声系统存在局限性,但是,考虑到尼安德特人拥有 FOXP2 两个氨基酸置换的特征,且该特征与发声学习能力的提升相关(Enard,2011),因此,尼安德特人极有可能不仅拥有语言能力,而且,应该拥有相当高水平的言语能力。

# 参考文献

ABDELHAK S, KAKATZIS V, HEILIG R, et al. , 1997. Clustering of mutations responsible for branchio-oto-renal (BOR) syndrome in the eyes absent homologous region (eyaHR) of EYA1 [J]. Human molecular genetics, 6: 2247-2255.

ADELAAR W, 2010. South America [G]//MOSELEY C. Atlas of the world's languages in danger. 3rd ed. Paris: UNESCO Publishing.

AFLALO T N, GRAZIANO M S, 2006. Possible origins of the complex topographic organization of motor cortex: reduction of a multidimensional space onto a two-dimensional array [J]. The journal of neuroscience, 26 (23): 6288-6297.

ALEMSEGED Z, 2003. An integrated approach to taphonomy and faunal change in the Shungura formation (Ethiopia) and its implication for hominid evolution[J]. Journal of human evolution, 44: 451-478.

ARBIB M, 2011. Niche construction and the evolution of language[J]. Interaction studies, 12 (1): 162-193.

ARDILA A, 2015. A proposed neurological interpretation of language evolution[J]. Behavioural neurology, 6.

ARENGUREN B, REVEDIN A, AMICO N, et al. , 2018. Wooden tools and fire technology in the early Neanderthal site of Poggetti Vecchi (Italy)[J]. Proceedings of national academy of sciences of the USA, 115 (9): 2054-2059.

ARENSBURG B, SCHEPARTZ L A, TILLIER A M, et al. , 1990. A reappraisal of the anatomical basis for speech in Middle Palaeolithic hominids [J]. American journal of anthropology, 83: 137-146.

BAHLMANN J, SCHUBOTZ R I, FRIEDERICI A D, 2008. Hierarchical artificial grammar processing engages Broca's area[J]. Neuroimage, 42: 525-534.

BAKER M C, 2009. Language universals: abstract but not mythological [J]. Behavioral and brain sciences, 32: 448-449.

BEEN E, HOVERS E, EKSHTEIN R, et al. , 2017. The first Neanderthal remains from an open-air Middle Palaeolithic site in the Levant [J]. Scientific reports, 7: 2958.

BERENT I, 2009. Unveiling phonological universals: a linguist who asks "why" is (inter alia) an experimental psychologist [J]. Behavioral and brain sciences, 32: 450-451.

BERWICK R C, 2011. Syntax facit saltum redux: biolinguistics and the leap to syntax[G]//DI SCIULLO A M, BOECKX C. The biolinguistic enterprise: new perspectives on the eEvolution and nature of the human language faculty. Oxford: Oxford University Press.

BERWICK R C, FRIEDERICI A D, CHOMSKY N, et al., 2013. Evolution, brain, and the nature of language[J]. Trends in cognitive sciences, 17 (2): 89-98.

BERWICK R C, HAUSER M D, TATTERSALL I, 2013. Neanderthal language? Just-so stories take center place[J]. Frontiers in psychology, 4: 397.

BERWICK R C, CHOMSKY N, 2016. Why only us: language and evolution[M]. Cambridge: The MIT Press.

BICKERTON D, 2014. More than nature needs: language, mind, and evolution [M]. Massachusetts: Harvard University Press.

BISCHOFF J L, SHAMP D D, ARANBURU A, et al., 2003. The Sima de los Huesos hominids date to beyond U/ Th equilibrium (>350 kyr) and perhaps to 400-500 kyr: new radiometric dates[J]. Journal of archaeological science, 30: 275-280.

BLAKE C C, 1862. On the crania of the most ancient races of

men[J]. The geologist, (5): 205-233.

BLAKE C C, 1861. On the occurrence of human remains contemporaneous with those of extinct animals[J]. The geologist, (4): 395-399.

BOBE R, BEHRENSMEYER A K, 2004. The expansion of grassland ecosystems in Africa in relation to mammalian evolution and the origin of the genus Homo [J]. Paleogeography, paleoclimatology, paloecology, 207: 399-420.

BOBE R, BEHRENSMEYER A K, CHAPMAN R E, 2002. Faunal change, environmental variability and late Pliocene hominin evolution[J]. Journal of human evolution, 42: 475-497.

BOË L-J, HEIM J-L, HONDA K, et al., 2002. The potential Neanderthal vowel space was as large as that of modern humans[J]. Journal of phonetics, 30: 465-484.

BOECKX C, BENITEZ-BURRACO A, 2014a. Globularity and language-readiness: generating new predictions by expanding the set of genes of interest[J]. Frontier in psychology, 5 (1324): 1-22.

BOECKX C, BENITEZ-BURRACO A, 2014b. The shape of the human language-ready brain [J]. Frontier in psychology, 5 (282): 1-23.

BOECKX C, 2017. The language-ready head: evolutionary

considerations[J]. Psychonomic bulletin & review, 24 (1): 194-199.

BOESCH C, 2002. Cooperative hunting roles among Tai chimpanzees[J]. Human nature, 13: 27-46.

BOUZOUGGAR A, BARTON N, VANHAEREN M, et al., 2007. 82,000-year-old shell beads from North Africa and implications for the origins of modern human behavior[J]. Proceedings of national academy of sciences of the USA, 104 (24): 9964-9969.

BOYD J L, SKOVE S L, ROUANET J P, et al., 2015. Human-chimpanzee differences in FZD8 enhancer alter cell-cycle dynamics in the developing neocortex[J]. Current biology, 25: 772-779.

BRAMBLE D M, LIEBERMAN D E, 2004. Endurance running and the evolution of homo [J]. Nature, 432: 345-352.

BRIGGS A W, GOOD G A, GREEN R E, et al., 2009. Targeted retrieval and analysis of five Neandertal mtDNA genomes[J]. Science, 325: 318-321.

BROWN K S, MAREAN C W, HERRIES A I R, et al., 2009. Fire as an engineering tool of early modern humans [J]. Science, 325: 859-862.

BRUNER E, 2008. Comparing endocranial form and shape differences in modern humans and Neandertals: a geometric approach[J]. Paleo anthropology: 93-106.

BYBEE J, 2002. Sequentiality as the basis of constituent structure[G]//GIVON T, MALLE B F. The Evolution of Language out of Pre-language. Amsterdam, The Netherlands: John Benjamins.

CASTELLANO S, PARRA G, SANCHEZ-QINTO F A, et al., 2014. Patterns of coding variation in the complete exomes of three Neanderthals[J]. Proceedings of national academy of sciences of the USA, 111 (18): 6666-6671.

CHARRIER C, JOSHI K, COUTINHO-BUDD J, et al., 2012. Inhibition of SRGAP2 function by its human-specific paralogs induces neoteny during spine maturation[J]. Cell, 149: 923-935.

CHEN P, 1986. Discourse and particle movement in English [J]. Studies in language, 10 (1): 79-95.

CHOMSKY N, 1965. Aspects of the theory of syntax[M]. Cambridge, MA: MIT Press.

CHOMSKY N, 2000. On nature and language[M]. New York: Cambridge University Press.

CHOMSKY N, 2017. The language capacity: architecture and evolution[J]. Phychomomic bulletin & review, 24: 200-203.

CHOMSKY N, 2012. The science of language: interviews with James McGilvray [M]. Cambridge: Cambridge

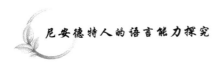

University Press.

CHRISTIANSEN M H, CONWAY C M, ONNIS L, 2012. Similar neural correlates for language and sequential learning: Evidence from event-related brain potentials[J]. Language and cognitive processes, 27 (2): 231-256.

CHRISTIANSEN M H, LOUISE K M, SHILLCOCK R C, et al. , 2010. Impaired artificial grammar learning in agrammatism[J]. Cognition, 116: 382-393.

CHRISTIANSEN M H, MACDONALD M C, 2009. A usage-based approach to recursion in sentence processing [J]. Language learning, 59: 126-161.

CHRISTIANSEN M H, CHATER N, 2008. Language as shaped by the brain[J]. Behavioral and brain sciences, 31: 489-558.

CHRISTIANSEN M H, CHATER N, 2015. The language faculty that wasn't: a usage-based account of natural language recursion[J]. Frontiers in psychology, 6: 1182.

CHRISTIANSEN M H, CHATER N, REALI F, 2009. The biological and cultural foundations of language [J]. Communicative & integrative biology, 2 (3): 221-222.

CHRISTIANSEN M H, KIRBY S, 2003. Language evolution: the hardest problem in science? [G]//Language evolution. Oxford: Oxford University Press.

CLARK A, EYRAUD R, 2006. Learning auxiliary fronting

with grammatical inference[C]//Proceedings of the 10th conference on computational language learning. New York: Omnipress Inc.

CLARK A G, GLANOWSKI S, NIELSEN R, et al. , 2003. Inferring nonneutral evolution from human-chimp-mouse orthologous gene trios[J]. Science, 302: 1960-1963.

CLARK B, 2011. Scavenging, the stag hunt, and the evolution of language [J]. Journal of linguistics, 47: 447-480.

CONWAY C M, BAUERNSCHMIDT A, HUANG S S, et al. , 2010. Implicit statistical learning in language processing: word predictability is the key[J]. Cognition, 114: 356-371.

CONWAY C M, PISONI D B, 2008. Neurocognitive basis of implicit learning of sequential structure and its relation to language processing[J]. Annals of New York academy of sciences, 1145: 113-131.

COOP G, BULLAUGHEY K, LUCA F, et al. ,2008. The timing of selection at the human FOXP2 gene[J]. Molecular biology and evolution, 25 (7): 1257-1259.

CORBALLIS M C, 2009. Do rats learn rules? [J]. Animal behaviour, 78: E1-E2.

CORBALLIS M C, 2007. Recursion, language, and starlings [J]. Cognitive science, 31: 697-704.

CORBALLIS M C, 2017. The evolution of language: sharing our mental lives[J]. Journal of neurolinguistics, 43 (Part B): 120-132.

CORBALLIS M C, 2012. The origins of language in manual gestures [G]//TALLERMAN M, GIBSON K R. The Oxford handbook of language evolution. New York: Oxford University Press.

CROFT W, 2009. Syntax is more diverse, and evolutionary linguistics is already here[J]. Behavioral and brain sciences, 32: 453-454.

CURRAT M, EXCOFFIER L, 2004. Modern humans did not admix with Neanderthals during their range expansion into Europe[J]. PLoS biology, 2 (12).

DABROWSKA E, 1997. The LAD goes to school: a cautionary tale for nativists[J]. Linguistics, 35: 735-766.

DARWIN C, 1859. On the origin of species[M]. London: John Murray.

DEDIU D, LEVINSON S C, 2013. On the antiquity of language: the reinterpretation of Neandertal linguistic capacities and its consequences[J]. Frontiers in psychology, 4 (397): 1-17.

DENNIS M Y, NUTTLE X, SUDMANT P H, et al., 2012. Evolution of human-specific neural SRGAP2 genes by incomplete segmental duplication[J]. Cell, 149: 912-922.

D'ERRICO F, SALOMON H, VIGNAUD C, et al. , 2010. Pigments from Middle Paleolithic levels of es-Skhul(Mount Carmel, Israel)[J]. Journal of archaeological science, 37: 3099-3110.

D'ERRICO F, VANHAEREN M, BARTON N, et al. ,2009. Additional evidence on the use of personal ornaments in the Middle Paleolithic of North Africa [J]. Proceedings of national academy of sciences of the USA, 106 (38): 16051-16056.

DE VOS M, 2014. The evolutionary origins of syntax: optimization of the mental lexicon yields syntax for free[J]. Lingua, 150: 25-44.

DE VRIES M H, BARTH A C R, MAIWORM S, et al. , 2010. Electrical stimulation of Broca's area enhances implicit learning of an artificial grammar [J]. Journal of cognitive neuroscience, 22 (11): 2427-2436.

DILLER K C, CANN R L, 2013. Genetics, evolution and the innateness of language[G]//BOTHA R, EVERAERT M. The evolutionary emergence of language: evidence and inference. Oxford: Oxford University Press.

DOGANDZIC T, MCPHERRON S P, 2013. Demography and the demise of Neanderthals: a comment on "tenfold population increase in Western Europe at the Neanderthal-to-modern human transition" [J]. Journal of human

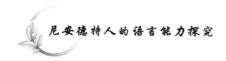
evolution, 64: 311-313.

ENARD W, 2011. FOXP2 and the role of cortico-basal ganglia circuits in speech and language evolution [ J ]. Current opinion in neurobiology, 21 (3): 415-424.

ENARD W, 2015. Human evolution: enhancing the brain[J]. Current biology, 25: R421-R423.

EVANS N, LEVINSON S C, 2009a. The myth of language universals: language diversity and its importance for cognitive science [J]. Behavioral and brain sciences, 32: 429-448.

EVANS N, LEVINSON S C, 2009b. With diversity in mind: freeing the language sciences from universal grammar[J]. Behavioral and brain sciences, 32: 472-484.

EVERETT D L, 2005. Cultural constraints on grammar and cognition in Piharã--another look at the design features of human language[J]. Current anthropology, 46: 621-646.

EVERETT D L, 2017. How language began: the story of humanity's greatest invention [ M ]. New York/London: Liveright Publishing Corporation.

FALK D, 2016. Evolution of brain and culture: the neurological and cognitive journey from Australopithecus to Albert Einstein[J]. Journal of anthropological sciences, 94: 1-14.

FERNANDEZ M H, VRBA E, 2006. Plio-pleistocence

climatic change in the Turkana basin (East Africa): evidence from large mammal faunas[J]. Journal of human evolution, 50: 595-626.

FERRARO J V, PLUMMER T W, POBINER B L, et al., 2013. Earliest archaeological evidence of persistent hominin carnivory[J]. PLOS ONE, 8 (4).

FINLAYSON C, PACHEGO F G, RODRIGUEZ-VIDAL, et al., 2006. Late survival of Neanderthals at the southern-most extreme of Europe[J]. Nature, 443: 850-853.

FITCH W T, 2010. The evolution of language [M]. Cambridge: Cambridge University Press.

FITCH W T, HAUSER M D, 2004. Computational constraints on syntactic processing in nonhuman primates [J]. Science, 303: 377-380.

FITCH W T, HAUSER M D, CHOMSKY N, 2005. The evolution of language faculty: clarifications and implications [J]. Cognition, 97: 179-210.

FITZ H, 2010. Statistical learning of complex questions[G]// OHLSSON S, CATRAMBONE R. Proceedings of the 32th annual meeting of the cognitive science society. Austin, TX: Cognitive Science Society.

FJELL A M, WESTLEY L T, AMLIEN I, et al., 2015. High-expanding cortical regions in human development and evolution are related to higher intellectual abilities [J].

Cerebral cortex, 25: 26-34.

FLORIO M, ALBERT M, TAVEMA E, et al., 2015. Human-specific gene ARHGAP11B promotes basal progenitor amplification and neocortex expansion [J]. Science, 347 (6229): 1465-1470.

FRANK S L, BODS R, CHRISTIANSEN M H, 2012. How hierarchical is language use? [J]. Proceedings of the royal society B: biological sciences, 279 (1747): 4522-4531.

FREUDENTHAL D, PINE J M, GOBET F, 2009. Simulating the referential properties of Dutch, German, and English root infinitives in MOSAIC[J]. Language learning and development, 5: 1-29.

FRIEDERICI A D, 2017. Evolution of the neural language network [J]. Psychonomic bulletin & review, 24 (1): 41-47.

FU Q, POSTH C, HAJDINJAK M, et al., 2016. The genetic history of Ice Age Europe [J]. Nature, 534: 200-205.

FU Q, LI H, MOORJANI P, et al., 2014. Genome sequence of a 45,000-year-old modern human from Western Siberia [J]. Nature, 514: 445-449.

FU Q, HAJDINJAK M, MOLDOVAN O T, et al., 2015. An early modern human from Romania with a recent Neanderthal ancestor[J]. Nature, 524 (7564): 216-219.

GABI M, NEVES K, MASSERSON C, et al. , 2016. No relative expansion of the number of prefrontal neurons in primate and human evolution[J]. Proceedings of national academy of sciences of the USA, 113 (34): 9617-9622.

GASH D M, DEANE A S, 2015. Neuron-based heredity and human evolution[J]. Frontiers in neuroscience, 9: 209.

GENTNER T Q, KIMBERLY M F, MARGOLIASH D, et al. , 2006. Recursive syntactic pattern learning by songbirds [J]. Nature, 440: 1204-1207.

GERVAIN J, WERKER J F, 2008. How infant speech perception contributes to language acquisition[J]. Language and linguistic compass, 2 (6): 1149-1170.

GIBSON E, THOMAS J, 1999. Memory limitations and structural forgetting: the perception of complex ungrammatical sentences as grammatical[J]. Language and cognitive processes, 14: 225-248.

GIBSON K R, 2012. Language or protolanguage? A review of the ape language literature [ G ]//TALLERMAN M, GIBSON K R. The Oxford handbook of language evolution. New York: Oxford University Press.

GILBY I C, EBERLY L E, PINTEA L, et al. , 2006. Ecological and social influences on the hunting behaviour of wild chimpanzees, Pan troglodytes schweinfurrthii [J]. Animal behaviour, 72: 169-180.

GILLESPIE M, PERLMUTTER N J, 2013. Against structural constraints in subject-verb agreement production [J]. Journal of experimental psychology: learning, memory and cognition, 39 (2): 515-528.

GILLESPIE-LYNCH K, GREENFIELD P M, LYN H, et al., 2014. Gestural and symbolic development among apes and humans: support for a multimodal theory of language evolution[J]. Frontiers in psychology, 5 (1228): 1-10.

GILLESPIE-LYNCH K, GREENFIELD P M, FENG Y, et al., 2013. A cross-species study of gesture and its role in symbolic development: implications for the gestural theory of language evolution [J]. Frontiers in psychology, 4 (160): 1-15.

GOLD J W, ARENIJEVIC B, BATINIC M, et al., 2018. When linearity prevails over hierarchy in syntax [J]. Proceedings of national academy of sciences of the USA, 115 (3): 495-500.

GOLDBERG A E, 2009. Essentialism gives way to motivation [J]. Behavioral and brain sciences, 32: 455-456.

GOLDIN-MEADOW S, MCNEILL D, SINGLETON J, 1996. Silence is liberating: removing the handcuffs on grammatical expression in manual modality [J]. Psychological review, 103: 34-55.

GOLDIN-MEADOW S, 2014. Widening the lens: what the

manual modality reveals about language, learning and cognition[J]. Philosophical transactions of the royal society B: biological sciences, 369.

GOMEZ R L, 2001. Finding structure in language: sometimes more variability is better[R]. [S. I. : s. n. ].

GRAZIANO M S, AFLALO T N, 2007. Mapping behavioral repertoire onto the cortex[J]. Neuron, 56 (2): 239-251.

GREEN R E, KRAUSE J, BRIGGS A W, et al. , 2010. A draft sequence of the Neandertal genome[J]. Science, 328 (5979): 710-722.

GREEN R E, KRAUSE J, PTAK S E, et al. , 2006. Analysis of one million base pairs of Neanderthal DNA[J]. Nature, 444: 330-336.

GREGORY M D, KIPPENHAN S, EISENBERG D P, et al. , 2017. Neanderthal-derived genetic variation shapes modern human cranium and brain[J]. Scientific reports, 7.

GRODZINSKY Y, 2000. The neurology of syntax: language use without Broca's area[J]. Behavioral and brain sciences, 23: 1-21.

HALL S S, 2008. Last of the Neanderthals [J]. National geographic magazine, 44-69.

HANDT O, MEYER S, VON HAESELER A, 1998. Compilation of human mtDNA control region sequences[J]. Nucleic acids research, 26: 126-129.

HARBOUR D, 2009. The universal basis of local linguistic exceptionality [J]. Behavioral and brain sciences, 32: 456-457.

HARRIS K, NIELSEN R, 2017. Q&A: where did the Neanderthals go? [J]. BMC biology, 15: 73.

HARRIS K, NIELSEN R, 2016. The genetic cost of Neanderthal introgression[J]. Genetics, 203: 881-891.

HASPELMATH M, 2009. The best-supported language universals refer to scalar patterns deriving from processing cost[J]. Behavioral and brain sciences, 32: 457-458.

HAUSER M D, YANG C, BERWICK R C, et al. , 2014. The mystery of language evolution[J]. Frontiers in psychology, 2014, 5 (401): 1-12.

HAUSER M D, CHOMSY N, FITCH W T, 2002. The faculty of language: what is it, who has it, and how did it evolve? [J]. Science, 298 (5598): 1569-1579.

HAUSER M D, FITCH W T, 2004. Computational constraints on syntactic processing in nonhuman primates [J]. Science, 303: 377-380.

HAWKINS J A, 1994. A performance theory of order and constituency[M]. Cambridge: Cambridge University Press.

HEIMBAUER L A, CONWAY C M, CHRISTIANSEN M H, et al. , 2012. A serial reaction time (SRT) task with symmetrical joystick responding for nonhuman primates[J].

Behavior research methods, 44 (3): 733-741.

HENSHIWOOD C, D'ERRICO F, VANHAEREN M, et al. , 2004. Middle Stone Age shell beads from South Africa [J]. Science, 304: 404.

HENSHIWOOD C, D'ERRICO F, JACOBS R, et al. , 2002. Emergence of modern human behavior: Middle Stone Age engravings from South Africa[J]. Science, 295: 1278-1280.

HILL K, BARTON M, HURTADO A M, 2009. The emergence of human uniqueness: characters underlying behavioral modernity[J]. Evolutionary anthropology, 18: 187-200.

HODGSON J A, DISOTELL T R, 2008. No evidence of a Neanderthal contribution to modern human diversity[J]. Genome biology, 9 (2): 206.

HOLDAWAY S, COSGROVE R, 1997. The archaeological attributes of behaviour: difference or variability? [J]. Endeavour, 21: 66-71.

HOLDEN C, 2004. The origin of speech[J]. Science, 303: 1569-1579.

HOOVER M L, 1992. Sentence processing strategies in Spanish and English [J]. Journal of psycholinguistic research, 21: 275-299.

HOULDCROFT C J, UNDERDOWN S J, 2016. Neanderthal genomics suggests a Pleistocene time frame for the first epidemiologic transition[J]. American journal of physical anthropology, 160: 379-388.

HUBLIN J J, 2012. The earliest modern human colonization of Europe[J]. Proceedings of national academy of sciences of the USA, 109 (34).

HUBLIN J J, NEUBAUER S, GUNZ P, 2015. Brain ontogeny and life history in Pleistocene hominins [J]. Philosophical transactions of the royal society B: biological sciences, 370.

HURFORD J R, 2012. The origins of grammar: language in the light of evolution [M]. Oxford: Oxford University Press.

HUXLEY T H, 1863. Evidence as to man's place in nature [M]. London: Williams and Norgate.

HUXLEY T H, 1864. Further remarks upon the human remains from the Neanderthal [J]. The natural history review, 13: 429-446.

IMAI M, KITA S, 2014. The sound symbolism bootstrapping hypothesis for language acquisition and language evolution [J]. Philosophical transactions of the royal society B: biological sciences, 369.

IVERSON J M, GOLDIN-MEADOW S, 2001. The resilience of gesture in talk: gesture in blind speakers and listeners [J]. Developmental science, 4 (4): 416-422.

JACKENDOFF R, PINKER S, 2005. The nature of language faculty and its implications for evolution of language (reply to Fitch, Hauser, and Chomsky) [J]. Cognition, 97: 211-225.

JOHANSSON S, 2005. Origins of language [M]. Amsterdam: John Benjamins.

JOHANSSON S, 2013. The talking Neanderthals: what do fossils, genetics, and archaeology say? [J]. Biolinguistics, 7: 35-74.

JOHNSON M B, KAWASAWA Y I, MASON, C E, et al., 2009. Functional and evolutionary insights into human brain development through global transcriptome analysis [J]. Neuron, 62: 494-509.

JURIC I, AESCHBACHER S, COOP G, 2016. The strength of selection against Neanderthal introgression [J]. PloS genetics, 12 (11).

KARLSSON F, 2007. Constraints on multiple center-embedding of clauses [J]. Journal of linguistics, 43: 365-392.

KISILEVSKY B S, HAINS S M J, BROWN C A, et al., 2009. Fetal sensitivity to properties of maternal speech and language[J]. Infant behavior and development, 32: 59-71.

KIM B Y, LOHMUELLER K E, 2015. Selection and reduced population size cannot explain higher amounts of Neandertal

ancestry in East Asian than in European human populations [J]. American journal of human genetics, 96 (3): 454-461.

KING W, 1864a. On the Neanderthal skull, or reasons for believing it to belong to the Clydian Period and to a species different from that represented by man [J]. British association for the advancement of science, notices and abstracts for 1863, 33: 81-82.

KING W, 1864b. The reputed fossil man of the Neanderthal [J]. Quarterly journal of science, (1): 88-97.

KING W, 1863. The Neanderthal skull[J]. Anthropological review, (1): 393-394.

KIRBY S, TAMARIZ M, CORNISH H, et al., 2015. Compression and communication in the cultural evolution of linguistic structure[J]. Cognition, 141: 87-102.

KLEIN R G, 2000. Archaeology and the evolution of human behavior[J]. Evolutionary anthropology, 9: 17-36.

KLEIN R G, 2008. Out of Africa and the evolution of human behavior[J]. Evolutionary anthropology, 17: 267-281.

KLEIN R G, 2003. Whither the Neanderthals? [J]. Science, 299: 1525-1527.

KLEIN R G, 2008. Out of Africa and the evolution of human behavior[J]. Evolutionary anthropology, 17 (6): 267-281.

KOJIMA S, 1990. Comparison of auditory functions in the chimpanzee and human[J]. Folia primatologica, 55: 62-72.

KRAUSE J, LALUEZA-FOX C, ORLANDO L, et al., 2007. The derived FOXP2 variant of modern humans was shared with Neandertals[J]. Current biology, 17 (21): 1908-1912.

KRINGS M, STONE A, Schmitz R W, et al., 1997. Neandertal DNA sequences and the origin of modern humans[J]. Cell, 90: 19-30.

KRUG M, 1998. String frequency: A cognitive motivating factor in coalescence, language processing and linguistic change[J]. Journal of English linguistics, 26: 286-320.

KUHLWILM M, GRONAU I, HUBISZ M J, et al., 2016. Ancient gene flow from early modern humans into Eastern Neanderthals[J]. Nature, 530: 429-433.

KUMAR V, CROXSON P L, SIMONYAN K, 2016. Structural organization of the laryngeal motor cortical network and its implication for evolution of speech production[J]. The journal of neuroscience, 36 (15): 4170-4181.

LALAND N, ODLING-SMEE J, MYLES S, 2010. How culture shaped the human genome: bringing genetics and the human sciences together[J]. Nature reviews genetics, 11: 137-148.

LANGERGRABER K E, PRUFER K, ROWNEY, et al., 2012. Generation times in wild chimpanzees and gorillas suggest earlier divergence times in great ape and human evolution[J]. Proceedings of the national academy of sciences of the USA, 109 (39): 15716-15721.

LANGLEY M C, CLARKSON C, ULM S, 2008. Behavioral complexity in Eurasian Neanderthal populations: a chronological examination of the archaeological evidence[J]. Cambridge archaeological journal, 18 (3): 289-307.

LEROI-GOURHAN A, 1975. The flowers found with Shanidar IV, a Neanderthal burial in Iraq[J]. Science, 190 (4214): 562-564.

LEVINSON S C, HOLLER J, 2014. The origin of human multi-modal communication[J]. Philosophical transactions of the royal society B: biological sciences, 369.

LI Z Y, WU X J, ZHOU L P, et al., 2017. Late Pleistocene archaic human crania from Xuchang, China[J]. Science, 355: 969-972.

LIEBERMAN P, CRELIN E S, 1971. On the speech of Neanderthal man[J]. Linguistic inquiry, 2 (2): 203-222.

LIEBERMAN P, 2013. The unpredictable species: what makes human unique[M]. Princeton and Oxford: Princeton University Press.

LINDAHL T, 1997. Facts and artifacts of ancient DNA[J]. Cell, 90: 1-3.

LISZKOWSKI U, 2014. Two sources of meaning in infant

communication: preceding action contexts and act-accompanying characteristics[J]. Philosophical transactions of the royal society B: biological sciences, 369.

LIU X L, SOMEL M, TANG L, et al., 2012. Extension of cortical synaptic development distinguishes humans from chimpanzees and macaques [J]. Genome research, 22: 611-622.

LOTEM A, HALPERN J Y, EDELMAN S, et al., 2017. The evolution of cognitive mechanisms in response to cultural innovations [J]. Proceedings of the national academy of sciences of the USA, 114 (30): 7915-7922.

LUPYAN G, DALE R, 2010. Language structure is partly determined by social structure [J]. PLoS ONE, 5 (1): e8559.

LUUK E, 2014. The evolution of syntax: signs, concatenation and embedding [J]. Cognitive systems research, 27: 1-10.

MACLARNON A, 2012. The anatomical and physiological basis of human speech production: adaptations and exaptations[G]//TALLERMAN M, GIBSON K R. The Oxford handbook of language evolution. New York: Oxford University Press.

MACLARNON A, HEWITT G, 2004. Increased breathing control: another factor in the evolution of human language

［J］. Evolutionary anthropology，13（5）：181-197.

MACLARNON A M，HEWITT G P，1999. The evolution of human speech：the role of enhanced breathing control［J］. American journal of physical anthropology，109：341-363.

MADISON P，2016. The most brutal of human skulls：measuring and knowing the first Neanderthal［J］. The British journal for the history of science，49（3）：411-432.

MAJKIĆA，EVANS S，STEPANCHUK V，et al.，2017. A decorated raven bone from the Zaskalnaya VI （Kolosovskaya）Neanderthal site，Crimea［J］. PLoS ONE，12（3）.

MARCUS G F，2006. Startling starlings［J］. Nature，440：1117-1118.

MARCUS G F，VIJAYAN S，RAO S B，et al.，1999. Rule learning by seven-month-old infants［J］. Science，283：77-80.

MARICIC T，GUNTHER V，GEORGIEV O，et al.，2013. A recent evolutionary change affects a regulatory element in the human FOXP2 gene［J］. Molecular biology and evolution，30：844-852.

MARTINCORENA I，RAINE K M，GERSTUNG M，et al.，2017. Universal patterns of selection in cancer and somatic tissues［J］. Cell，171：1029-1041.

MARTÍNEZ I，ARSUAGA J L，1997. The temporal bones

from Sima de los Huesos Middle Pleistocene site (Sierra de Atapuerca, Spain). A phylogenetic approach[J]. Journal of human evolution, 33: 129-154.

MARTÍNEZ I, ROSA M, ARSUAGA J L, et al., 2004. Auditory capacities in Middle Pleistocene humans from the Sierra de Atapuerca in Spain[J]. Proceedings of the national academy of sciences of the USA, 101 (27): 9976-9981.

MARTÍNEZ I, QUAM R M, ROSA M, et al., 2008. Auditory capacities of human fossils: a new approach to the origin of speech[J]. Journal of acoustic society of America, 123: 4180-4184.

MASLIN M A, SHULTZ S, TRAUTH M H, 2015. A synthesis of the theories and concepts of early human evolution[J]. Philosophical transactions of the royal society B: biological sciences, 370.

MAY M L, 1975. The language capability of Neanderthal man [J]. American journal of physical anthropology, 42: 9-14.

MAZZA P T A, MARTINI F, SALA B, et al., 2006. A new Palaeolithic discovery: tar-hafted stone tools in a European Mid-Pleistocene bone-bearing bed [ J ]. Journal of archaeological science, 33: 1310-1318.

MCBREARTY S, BROOKS A, 2000. The revolution that wasn't: a new interpretation of the origins of modern human behavior[J]. Journal of human evolution, 39: 453-563.

MCCOY R C, WAKEFIELD J, AKEY J M, 2017. Impacts of Neanderthal-introgressed sequences on the landscape of human gene expression[J]. Cell, 168: 916-927.

MCLEAN C Y, RENO P L, POLLEN A A, et al. , 2011. Human specific loss of regulatory DNA and the evolution of human-specific traits[J]. Nature, 471: 216-219.

MCMAHON A, MCMAHON R, 2013. Evolutionary linguistics[M]. Cambridge: Cambridge University Press.

MCNEILL D, 1992. Hand and mind: what gestures reveal about thought[M]. Chicago, IL: Chicago University Press.

MELLARS P, 2006. Archeology and the dispersal of modern humans in Europe: deconstructing the "Aurignacian"[J]. Evolutionary anthropology, 15 (5): 167-182.

MELLARS P, FRENCH J C, 2011. Tenfold population increase in Western Europe at the Neandertal-to-modern human transition[J]. Science, 333: 623-627.

MEYER M, KIRCHER M, GANSAUGE M T, et al. , 2012. A high-coverage genome sequence from an archaic Danisovan individual[J]. Science, 338: 222-226.

MEYER, M. , Q. FU, A. AXIMU-PETRI, et al. A mitochondrial genome sequence of a hominin from Sima de los Huesos[J]. Nature, 2014, 505: 403-406.

MISYAK J B, CHRISTIANSEN M H, TOMNLIN J B, 2010. Sequential expectations: the role of prediction-based learning in language[J]. Topics in cognitive science, 2: 138-153.

MITHUN M, 2010. The fluidity of recursion and its implications[G]//VAN DER HULST H. Recursion and human language. Berlin: Mouton de Gruyter.

MONAGHAN P, SHILLCOCK R C, CHRISTIANSEN M H, et al. , 2014. How arbitrary is language? [J]. Philosophical transactions of the royal society B: biological sciences, 369.

MORGAN T J H, UOMINI N T, RENDELL L E, et al. , 2015. Experimental evidence for the co-evolution of hominin tool-making teaching and language [ J ]. Nature communications, 6.

MORIN E, LAROULANDIE V, 2012. Presumed symbolic use of diurnal raptor by Neanderthals[J]. PloS ONE, 7 (3).

MORWOOD M, SUTIKNA T, ROBERTS R, 2005. The people time forgot [J]. National geographic magazine, 70-85.

MOZZI A, FORNI D, CAGLIANI R, et al. , 2017. Distinct selective forces and Neanderthal introgression shaped genetic diversity at genes involved in neurodevelopmental disorders[J]. Scientific reports, 7.

MOZZI A, FORNI D, CLERICI M, et al. , 2016. The

evolutionary history of genes involved in spoken and written language: beyond FOXP2[J]. Scientific reports, 6.

MÜLLER U C, PROSS J, TZEDAKIS P C, 2011. The role of climate in the spread of modern humans into Europe[J]. Quaternary science reviews, 30: 273-279.

MURPHY R A, MONDRAGON E, MURPHY V A, 2008. Rule learning by rats[J]. Science, 319: 1849-1851.

NEVINS A, 2009. On formal universals in phonology[J]. Behavioral and brain sciences, 32: 461-462.

NÖLLE J, 2014. A co-evolved continuum of language, culture and cognition: prospects of interdisciplinary research[J]. Studies about languages, (25): 5-13.

NOONAN J P, COOP G, KUDARAVALLI S, et al., 2006. Sequencing and analysis of Neanderthal genomic DNA[J]. Science, 314: 1113-1118.

NORDBORG M, 1998. On the probability of Neanderthal ancestry[J]. American journal of human genetics, 63: 1237-1240.

ÖZCALISKAN S, GOLDIN-MEADOW S, 2005. Do parents lead their children by the hand? [J]. Journal of child language, 2: 481-505.

ÖZYUREK A, 2014. Hearing and seeing meaning in speech and gesture: insights from brain and behavior [J]. Philosophical transactions of the royal society B: biological sciences, 369.

PAGEL M, 2017. Darwinian perspectives on the evolution of languages[J]. Psychonomic bulletin & review, 24 (1): 151-157.

PARKER A R, 2006. Evolving the narrow language faculty: Was recursion the pivotal steps? [C]//CANGELOSI A, SMITH A D M, SMITH K. The evolution of language: proceedings of the 6th international conference. Singapore: World Scientific Press.

PARRAVICINI A, PIEVANI T, 2018. Continuity and discontinuity in human language evolution: Putting an old-fashioned debate in its historical perspective[J]. Topoi, 37 (2): 279-287.

PARTEK B, LEWIS R L, VANSISHTH S, et al. , 2011. In search of on-line locality effects in sentence comprehension [J]. Journal of experimental psychology: learning, memory and cognition, 37 (5): 1178-1198.

PASSINGHAM R E, SMAERS J B, 2014. Is the prefrontal cortex especially enlarged in the human brain allometric relations and remapping factors [J]. Brain behavior & evolution, 84: 156-166.

PATEL A D, IVERSON J R, WASSENAAR M, et al. , 2008. Musical syntactic processing in agrammatic Broca's aphasia[J]. Aphasiology, 22 (7-8): 776-789.

PERESANI M, FIORE I, GALA M, et al. , 2011. Late Neandertals and the intentional removal of feathers as evidenced from bird bone taphonomy at Fumane Cave 44 ky B. P. , Italy[J]. Proceedings of the national academy of sciences of the USA, 108 (10): 3888-3893.

PERNISS P, VIGLIOCCO G, 2014. The bridge of iconicity: from a world of experience to the experience of language [J]. Philosophical transactions of the royal society B: biological sciences, 369.

PESETSKY D, 2009. Against taking linguistic diversity at "face value" [J]. Behavioral and brain sciences, 32: 464-465.

PETERSSON K-M, FOLIA V, HAGOOT P, 2012. What artificial grammar learning reveals about the neurobiology of syntax[J]. Brain & language, 120: 83-95.

PIKE A W G, HOFFMANN D L, GARCIA-DIEZ M, et al. , 2012. U-series dating of Paleolithic art in 11 caves in Spain [J]. Science, 336: 1409-1413.

PINKER S, 1994. The language instinct: how the mind create language[M]. New York: William Morrow and Company.

PINKER S, BLOOM P, 1990. Natural language and natural selection[J]. Behavioral and brain sciences, 13: 707-726.

PINKER S, JACKENDOFF R, 2005. The faculty of language: what's special about it? [J]. Cognition, 95: 201-

236.

PINKER S, JACKENDOFF R, 2009. The reality of a universal language faculty [J]. Behavioral and brain sciences, 32: 465-466.

POLLARD K S, SALAMA S R, LAMBERT N, et al., 2006. An RNA gene expressed during cortical development evolved rapidly in humans[J]. Nature, 443: 167-172.

PORTIN P, 2015. A comparison of biological and cultural evolution[J]. Journal of genetics, 94 (1): 155-168.

POURCAIN B, CENTS R A M, WHITEHOUSE A J Q, et al., 2014. Common variation near *ROBO2* is associated with expressive vocabulary in infancy [J]. Nature communications, 5: 5831.

PRIDDLE T H, CROW T J, 2013a. Protocadherin 11X/Y a human-specific gene pair: an immunohistochemical survey of fetal and adult brains [J]. Cerebral cortex, 23: 1933-1941.

PRIDDLE T H, CROW T J, 2013b. The protocadherin 11X/Y (PCDH11X/Y) gene pair as determinant of cerebral asymmetry in modern Homo sapiens[J]. Annals of the New York academy of sciences, 1288: 36-47.

PRÜFER K, RACIMO F, PATTERSON N, et al., 2014. The complete genome sequence of a Neanderthal from the Altai Mountains[J]. Nature, 505 (7481):43-49.

QUAM R, RAK Y, 2008. Auditory ossicles from southwest Asian Mousterian sites[J]. Journal of human evolution, 54: 414-433.

REALI F, CHRISTIANSEN M H, 2009. Sequential learning and the interaction between biological and linguistic adaptation in language evolution[J]. Interaction studies, 10: 5-30.

REYES L D, SHERWOOD C C, 2015. Neuroscience and human brain evolution [G]//BRUNER E. Human paleoneurology (3). Switzerland: Springer International Publishing.

REY-RODRÍGUEZ I, LÓPEZ-GARCÍA J-M, BENNASÀAR M, et al., 2016. Last Neanderthals and first anatomically Modern Humans in the NW Iberian Peninsula: climatic and environmental conditions inferred from the Cova Eiros small-vertebrate assemblage during MIS 3[J]. Quaternary science reviews, 151: 185-197.

RICHARDS M, CORTE-REAL H, FORSTER P, et al., 1996. Paleolithic and Neolithic lineages in the European mitochondrial gene pool[J]. American journal of human genetics, 59: 185-203.

RICHERSON P J, BOYD R, 2004. Not by genes alone: how culture transformed human evolution [M]. Chicago: University of Chicago Press.

RIGHTMIRE G P, 2004. Brian size and encephalization in early to Mid-Pleistocene Homo [J]. American journal of physical anthropology, 124: 109-123.

RIZZI L, 2009. The discovery of language invariance and variation, and its relevance for cognitive sciences [J]. Behavioral and brain sciences, 32: 467-468.

RIZZOLATTI G, CRAIGHERO L, 2004. The mirror neuron system [J]. Annual review of neuroscience, 27 (1): 169-192.

ROACH N T, RICHMOND B G, 2015. Clavicle length, throwing performance and the reconstruction of the Homo erectus shoulder [J]. Journal of human evolution, 80: 107-113.

ROBERTS G, LEWANDOWKI J, GALANTUCCI B, 2015. How communication changes when we cannot mime the world: experimental for the effect of iconicity on combinatoriality[J]. Cognition, 141: 52-66.

RODRÍGUEZ-VIDAL J, D'ERRICO F, PACHECO F G, et al., 2014. A rock engraving made by Neanderthals in Gibraltar [J]. Proceedings of the national academy of sciences of the USA, 111 (37): 13301-13306.

ROGERS A R, BOHLENDER R J, HUFF C D, 2017. Early history of Neanderthals and Denisovans[J]. Proceedings of the national academy of sciences of the USA, 114 (37):

9859-9863.

ROSOWSKI J, 1994. Outer and middle ears[G]//FAY R R, POPPER A N. Comparative hearing: mammals. New York: Springer.

ROSOWSKI J J, GRAYBEAL A, 1991. What did Morganucodon hear? [J]. Zoological journal of the Linnean Society, 101: 131-168.

ROTH F P, 1984. Accelerating language learning in young children[J]. Child language, 11: 89-107.

ROWE M L, GOLDIN-MEADOW S, 2009. Differences in early gesture explain SES disparities in child vocabulary size at school entry[J]. Science, 323 (5916): 951-953.

SANKARARAMAN S, PATTERSON N, LI H, et al., 2012. The date of interbreeding of Neandertals and modern humans[J]. PLoS genetics, 8 (10).

SANKARARAMAN S, MALLICK S, DANNEMANN M, et al., 2014. The genomic landscape of Neanderthal ancestry in present-day humans[J]. Nature, 507: 354-357.

SCHMITZ R W, SERRE D, BONANI G, et al., 2002. The Neandertal type site revisited: interdisciplinary investigations of skeletal remains from the Neander Valley, Germany [J]. Proceedings of the national academy of sciences of the USA, 99 (20): 13342-13347.

SCHEREIWEIS C, BORNSCHEIN U, BURGUIÈRE E, et

al. , 2014. Humanized Foxp2 accelerates learning by enhancing transitions from declarative to procedural performance [J]. Proceedings of the national academy of sciences of the USA, 111 (39): 14253-14258.

SENGHAS A, COPPOLA M, 2001. Children creating language: how Nicaraguan sign language acquired a spatial grammar[J]. Psychological science, 12: 323-328.

SERRE D, LANGANEY A, CHECH M, et al. , 2004. No evidence of Neandertal mtDNA contribution to early modern humans[J]. PLoS biology, 2 (3): 313-317.

SEYFARTH R M, CHENEY D L, 2003. Signalers and receivers in animal communication [J]. Annual review of psychology, 54: 145-173.

SEYFARTH R M, CHENEY D L, 2017. Precursors to language: social cognition and pragmatic inference in primates [J]. Psychonomic bulletin & review, 24 (1): 79-84.

SEYFARTH R M, CHENEY D L, BERGMAN T, et al. , 2010. The central importance of information in studies of animal communication[J]. Animal behavior, 80: 3-8.

SEYFARTH R M, CHENEY D L, 2014. The evolution of language from social cognition [J]. Current opinion in neurobiology, 28: 5-9.

SHARBROUGH J, HAVIRD J C, NOE G R, et al. , 2017.

The mitonuclear dimension of Neanderthal and Denisovan ancestry in modern human genomes[J]. Genome biology & evolution, 9 (6): 1567-1581.

SHREEVE J, 2006. The greatest journey [J]. National geographic magazine, 2.

SHULTZ S, NELSON E, DUNBAR R I M, 2012. Hominin cognitive evolution: identifying patterns and processes in the fossil and archaeological record [J]. Philosophical transactions of the royal society B: biological sciences, 367: 2130-2140.

SKIPPER J I, 2014. Echoes of the spoken past: how auditory cortex hears context during speech perception [J]. Philosophical transactions of the royal society B: biological sciences, 369.

SKIPPER J I, GOLDIN-MEADOW S, NUSBAUM H C, et al., 2007. Speech-associated gestures, Broca's area, and the human mirror system[J]. Brain and language, 101 (3): 260-277.

SMIT H, 2016. The transition from animal to linguistic communication[J]. Biological theory, 11: 158-172.

SMITH J M, HAIGH J, 1974. The hitch-hiking effect of a favourable gene[J]. Genetics research, 23: 23-35.

SMOLENSKY P, DUPOUX E, 2009. Universals in cognitive theories of language[J]. Behavioral and brain sciences, 32:

468-469.

SOLECKI R S, 1975. Shanidar IV, a Neanderthal flower burial in northern Iraq[J]. Science, 90 (4217): 880-881.

SOMEL M, LIU X, KHAITOVICH P, 2013. Human brain evolution: transcripts, metabolites and their regulators[J]. Nature reviews neuroscience, 14: 112-127.

SØRENSEN B, 2011. Demography and the extinction of European Neanderthals [J]. Journal of anthropological archaeology, 30 (1): 17-29.

SPIERINGS M, TEN CATE C, 2016. Budgerigars and zebra finches differ in how they generalize in an artificial grammar learning experiment [J]. Proceedings of the national academy of sciences of the USA, 113 (27).

SUTTER N B, BUSTAMANTE C D, CHASE K, et al., 2007. A single IGF1 allele is a major determinant of small size in dogs[J]. Science, 316 (5821): 112-115.

SZÁMADÓ S, 2010. Pre-hunt communication provides context for the evolution of early human language [J]. Biological theory, 5 (4): 366-382.

SZÁMADÓ S, SZATHMÁRY E. Competing selective scenarios for the emergence of natural language[J]. Trends in ecology and evolution, 21 (10): 555-561.

TABOR W, GALANTUCCI B, RICHARDSON D, 2004. Effects of merely local syntactic coherence on sentence processing [J]. Journal of memory and language, 50: 355-370.

TALLERMAN M, 2014. No syntax saltation in language evolution[J]. Language sciences, 46: 207-219.

TALLERMAN M, 2009. If language is a jungle, why are we all cultivating the same plot? [J]. Behavioral and brain sciences, 32: 469-470.

TALLERMAN M, 2012. Protolanguage[G]//TALLERMAN M, GIBSON K R. The Oxford handbook of language evolution. New York: Oxford University Press.

TATTERSALL I, 2014. An evolutionary context for the emergence of language [J]. Language sciences, 46: 199-206.

TATTERSALL I, 2017. How can we detect when language emerged? [J]. Psychonomic bulletin & review, 24 (1): 64-67.

TATTERSALL I, 2010. Human evolution and cognition[J]. Theory in biosciences, 129: 193-201.

TATTERSALL I, 2009. Human origins: out of Africa[J]. Proceedings of the national academy of sciences of the USA, 106 (38): 16018-16020.

TATTERSALL I, 2018. Language origins: an evolutionary framework[J]. Topoi, 37(2): 289-296.

TEMPLETON A R, 2002. Out of Africa again and again[J].

Nature, 416: 45-51.

TEN CATE C, 2017. Assessing the uniqueness of language: animal grammatical abilities take center stage [J]. Psychonomic bulletin & review, 24 (1): 91-96.

TENNIE C, CALL J, TOMASELLO M, 2009. Ratcheting up the ratchet: on the evolution of cumulative culture[J]. Philosophical transactions of the royal society B: biological sciences, 364: 2405-2415.

THOMPSON B, KIRBY S, SMITH K, 2016. Culture shapes the evolution of cognition[J]. Proceedings of the national academy of sciences of the USA, 113 (16): 4530-4535.

TOMASELLO M, 2009. The cultural origins of human cognition [M]. Cambridge, Massachusetts: Harvard University Press.

TRINKAUS E, 2007. European early modern humans and the fate of the Neanderthals[J]. Proceedings of the national academy of sciences of the USA, 104 (18): 7367-7372.

TRINKAUS E, 1995. Neanderthal mortality patterns [J]. Journal of archaeological science, 22 (1): 121-142.

TZEDAKIS P C, HUGHEN K A, CACHO I, et al., 2007. Placing late Neanderthals in a climatic context[J]. Nature, 449: 206-208.

UDDÉN J, FOLIA V, FORKSTAM C, et al., 2008. The inferior frontal cortex in artificial syntax processing: an rTMS study[J]. Brian research, 1224 (2): 69-78.

VAN BERKUM J J A, BROWN C M, ZWITSERLOOD P, et al., 2005. Anticipating upcoming words in discourse: evidence from ERPs and reading times [J]. Journal of experimental psychology: learning, memory and cognition, 31: 443-467.

VANHAEREN M, D'ERRICO F, STRINGER C, et al., 2006. Middle Paleolithic shell beads in Israel and Algeria [J]. Science, 312: 1785-1788.

VASISHTH S, SUCKOW K, LEWIS R L, et al., 2010. Short-term forgetting in sentence comprehension: crosslinguistic evidence from verb-final structures [J]. Language and cognitive processes, 25: 533-567.

VERNOT B, AKEY J M, 2014. Resurrecting surviving Neandertal lineages from modern human genomes [J]. Science, 343 (6174): 1017-1021.

VERNOT B, AKEY J M, 2015. Complex history of admixture between modern humans and Neandertals [J]. American journal of human genetics, 96 (3): 448-453.

VERNOT B, TUCCI S, KELSO J, et al., 2016. Excavating Neandertal and Denisovan DNA from the genomes of Melanesian individuals[J]. Science, 352 (6282): 235-239.

VERVOORT V, SMITH R L, O'BRIEN J, et al., 2002. Genomic rearrangements of EYA1 account for a large fraction of families with BOR syndrome [J]. European journal of human genetics, 10: 757-766.

VIDAL-MATUTANO P, HENRY A, THEORY-PARIST, et al., 2107. Dead wood gathering among Neanderthal groups: Charcoal evidence from Abric del Pastor and El Salt (Eastern Iberia)[J]. Journal of archaeological science, 80: 109-121.

VIGLIOCCO G, PERNISS P, VINSON D, 2014. Language as a multimodal phenomenon: implications for language learning, processing and evolution [J]. Philosophical transactions of the royal society B: biological sciences, 369.

VOLTERRA V, CASELLI M C, CAPIRCI O, et al., 2005. Gesture and the emergence and development of language [G]//TOMASELLO M, SLOBIN D. Beyond nature-nuture: essays in honor of Elizabeth Bates. Mahwah, New Jersey: Lawrence Erlbaum Associates.

WALL J D, YANG M A, JAY F, et al., 2013. High levels of Neanderthal ancestry in East Asians than in Europeans [J]. Genetics, 194 (1): 199-209.

WALLACE A R, 1869. Sir Charles Lyell on geological climates and the origin of species[J]. Quarterly review, 126: 359-394.

WANG C-C, FARINA S E, LI H, 2013. Neanderthal DNA and modern human origins[J]. Quaternary international,

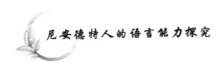 

295: 126-129.

WANG S, LACHANCE J, TISHKOFF S A, et al. , 2013. Apparent variation in Neanderthal admixture among African populations is consistent with gene flow from Non-African populations[J]. Genome biology & evolution, 5 (11): 2075-2081.

WEAVER T D, ROSEMAN C C, 2005. Ancient DNA, late Neandertal survival, and modern human--Neandertal genetic admixture[J]. Current anthropology, 46 (4): 677-683.

WELLS J B, CHRISTIANSEN M H, RACE D S, et al. , 2009. Experience and sentence processing: statistical learning and relative clause comprehension[J]. Cognitive psychology, 58: 250-271.

WERKER J F, PONS F, DIETRICH C, 2007. Infant-directed speech supports phonetic category learning in English and Japanese[J]. Cognition, 103: 147-162.

WHITEN A, ERDAL D, 2012. The human socio-cognitive niche and its evolutionary origins [J]. Philosophical transactions of the royal society B: biological sciences, 367: 2119-2129.

WILLEMS R M, HAGOORT P, 2007. Neural evidence for the interplay between language, gesture, and action: a review[J]. Brain and language, 101 (3): 278-289.

WILSON B, SLATER H, KIKUCHI Y, et al. , 2013.

Auditory artificial grammar learning in macaque and marmoset monkeys [J]. The journal of neuroscience, 33 (48): 18825-18835.

WYNN T, COOLIDGE F L, 2004. The expert Neandertal mind[J]. Journal of human evolution, 46: 467-487.

ZANOLLI C, HOURSET M, ESCLASSAN R, et al., 2017. Neanderthal and Denisova tooth protein variants in present-day humans[J]. PLoS ONE, 12 (9).

ZILHÃO J, 2006. Genes, fossils, and culture. An overview of the evidence for Neandertal-modern human interaction and admixture[J]. Proceedings of the prehistoric society, 72: 1-20.

ZILHÃO J, 2012. Personal ornaments and symbolism among the Neanderthals[G]//ELIAS S A. Origins of human innovation and creativity (Developments in Quaternary Sciences, Volume 16). Amsterdam: Elsevier.

ZILHÃO J, 2007. The emergence of ornaments and art: an archaeological perspective on the origins of "behavioral modernity" [J]. Journal of archaeological research, 15: 1-54.

ZILHÃO J, 2010. Did the Neandertals think like us? [J]. Scientific American, 72-75.

ZILHÃO J, ANGELUCCI D E, BADAL-GARCIA, et al., 2010. Symbolic use of marine shells and mineral pigments by Iberian Neandertals[J]. Proceedings of the national academy of sciences of the USA，107（3）：1023-1028.

董粤章，张韧，2009. 语言产生与习得的结构基因组学诠释[J]. 外语与外语教学，(10)：1-4.

高星，2017. 朝向人类起源与演化研究的共业：古人类学、考古学与遗传学的交叉与整合[J]. 人类学学报，36（1）：131-140.

贺乐天，刘武，2017. 现代中国人颞骨乳突后部的形态变异[J]. 人类学学报，36(1)：74-86.

蓝琪，2007. 论中亚原始文化与原始居民[J]. 西域研究(3)：1-5.

李冬梅，2014. FOXP2 基因与语言的相关性研究[J]. 当代外语研究(11)：47-51.

刘武，吴秀杰，邢松，2016. 现代人的出现与扩散——中国的化石证据[J]. 人类学学报，35(2)：161-171.

吕利霞，邢万金，2009. 语言相关基因[J].生命的化学，29(1)：141-144.

秘彩莉，郭光艳，张晓，等，2012. 尼安德特人基因组学研究进展[J]. 遗传，34(6)：659-665.

王延武，2003. 北魏末的文化模式与尔朱荣的败亡[J]. 中南民族大学学报(人文社会科学版)，23(6)：105-109.

吴新志，崔娅铭，2016. 过去十万年里的四种人及其间的关系[J]. 科学通报，61(24)：2681-2687.

吴新智，徐欣，2016. 从中国和西亚旧石器及道县人牙化石看中国现代人起源[J].人类学学报,35(1):1-13.

姚岚,2013. 语言普遍特征的辩论[J]. 当代语言学,(3):
359-364.

Derek Bickerton,姚岚,2018.《超越自然需求:语言、心智和进
化》介绍[J]. 当代语言学,20(2):304-307.

姚岚,王鉴棋,2010. 语言机能的辩论与思考[J]. 当代语言
学,12(4):312-318,379.

俞建梁,2011. 国外 FOXP2 基因及其语言相关性研究二十年
[J].现代外语,34(3):310-316,330.

俞建梁,2013. 语言障碍与基因相关性研究[J]. 现代外语,36
(1):99-104,110.